**DON'T FAIL**

*Thomas Willberger*

# DON'T FAIL

*Wie dein Start-up von Gründung bis Exit erfolgreich ist*

Campus · Frankfurt/New York

ISBN 978-3-593-51547-2 Print
ISBN 978-3-593-45022-3 E-Book (PDF)
ISBN 978-3-593-45023-0 E-Book (EPUB)

Das Werk einschließlich aller seiner Teile ist urheberrechtlich geschützt.
Jede Verwertung ist ohne Zustimmung des Verlags unzulässig. Das gilt
insbesondere für Vervielfältigungen, Übersetzungen, Mikroverfilmungen
und die Einspeicherung und Verarbeitung in elektronischen Systemen.
Trotz sorgfältiger inhaltlicher Kontrolle übernehmen wir keine Haftung
für die Inhalte externer Links. Für den Inhalt der verlinkten Seiten sind
ausschließlich deren Betreiber verantwortlich.

Copyright © 2022. Alle deutschsprachigen Rechte bei
Campus Verlag GmbH, Frankfurt am Main.
Umschlaggestaltung: studioheyhey, Frankfurt am Main
Layoutentwurf: studioheyhey, Frankfurt am Main
Satz: Publikations Atelier, Dreieich
Gesetzt aus: Maison Neue, ABC Gravity
Druck und Bindung: Beltz Grafische Betriebe GmbH, Bad Langensalza
Beltz Grafische Betriebe ist ein klimaneutrales Unternehmen
(ID 15985-2104-1001).
Printed in Germany

www.campus.de

# INHALT

| | |
|---|---:|
| **WILLKOMMEN BEIM FEHLERMACHEN** | 6 |
| **1. DIE GRÜNDUNG** | 14 |
| **2. DAS ERSTE JAHR** | 78 |
| **3. DAS SCALE-UP** | 140 |
| **4. DER WEG INS START-UP-GLÜCK** | 204 |
| **LITERATUR** | 212 |
| **ÜBER DEN AUTOR** | 214 |

# WILLKOMMEN BEIM FEHLERMACHEN

Eigentlich ist es ganz einfach. Wenn du ein Start-up gründen und zum Erfolg bringen willst, gibt es zwei einfache goldene Wege. Wähle einen der beiden und deine Träume werden wahr:

Du findest eine Lösung, auf die der Markt nur gewartet hat. Alle werden dein Produkt lieben, es kaufen, du wirst reich. Ende der Geschichte.

Oder du entwickelst eine Lösung, die es längst am Markt gibt. Doch deine ist besser, günstiger, schneller, sexyer. Der Wettbewerb sieht alt aus, alle wollen jetzt dein Produkt. Der Rest läuft wie oben.

Soweit die Theorie. In der Praxis sind diese Wege leider, leider gar nicht so einfach und klar. Und statt mit Gold sind sie bestenfalls mit Steinen gepflastert. Jeder Stein ein Problem, je weiter du vorankommst, desto holpriger wird es.

Es kann also eine Menge schiefgehen auf deinem Weg. So richtig einfach läuft kaum etwas. Jede Menge Regeln gilt es zu beachten. Die Ironie dabei: Das sage ich dir als jemand, der anfangs dachte, dass diese Regeln für ihn nicht gelten würden.

Ich wollte als junger Start-up-Gründer nicht auf goldenen Wegen wandeln, das waren in meinen Augen nur die ausgetretenen Pfade der anderen. Ich konnte auch kein festes Muster für Erfolg oder Misserfolg erkennen. Warum sollte ich mich dann an Regeln halten?

Ich legte also einfach los. Virtual Reality hatte mich schon als Jugendlicher fasziniert. Im Keller meines Elternhauses konstruierte ich ein VR-Outfit, bestehend aus Rucksack mit Vibrationselektronik, HMD-Brille und speziellen Schuhen. Motion-Capture-Kameras sollten jede Bewegung aufnehmen und in der VR-Software umsetzen. Später an der Uni bastelte ich mit zwei Kommilitonen an diesem Konzept weiter. Heraus kam ein VR-Terminal für Immobilienmakler und damit mein erstes Start-up: Inreal. Läuft doch, dachte ich. Warum meinen denn alle, ein Start-up zu gründen sei so schwierig und anstrengend?

Meine Euphorie war leider verfrüht. Ich hatte zu viele Regeln ignoriert, zu sehr auf mein Bauchgefühl gesetzt. Die Verkaufszahlen der VR-Simulatoren waren mau. Immerhin überlebte Inreal die wilde Anfangszeit durch Projektumsätze und konnte sich neu erfinden. Parallel entstand daraus das Start-up Enscape. Auch hier ging es um Virtual Reality, aber mit einem komplett anderen Geschäftsmodell. Statt merkwürdig sperriger VR-Anzüge oder -Terminals entwickelten wir Software. Ein Klick und das Produkt war verkauft und geliefert. Viel einfacher, viel erfolgreicher.

Enscape ist mittlerweile in neuen Händen. Ich investiere jetzt selbst in Start-ups und bin nach wie vor als Co-Founder unterwegs.

Doch die Fragen nach goldenen Wegen, ewig gültigen Regeln und anderen Ratschlägen verfolgen mich auch jetzt. Oft spreche ich mit jungen Gründerinnen und Gründern, die gerade die ersten Schritte planen. Oder die bereits gegründet haben und nun auf die ersten größeren Probleme stoßen. Was ihnen allen gemein ist: Sie suchen nach Fehlern im eigenen aktuellen Verhalten oder wollen künftige Fehler vermeiden. Hilfe erhoffen sie sich von einem wie mir, der die gleichen Fehler vielleicht schon gemacht hat und sagen kann, wie es besser geht.

Das brachte mich eines Tages darauf, eine Liste zu schreiben: eine Liste mit Fehlern, die man unbedingt vermeiden sollte, wenn man denn mit seinem Start-up erfolgreich sein wollte. Anfangs waren es nur ein paar Stichpunkte in einem Google Doc, doch mit der Zeit wuchs die Sammlung an und half mir, eigene Fehler zu identifizieren und anderen Leuten Tipps für die Fehlervermeidung zu geben. Die Liste war hilfreich und schwer leserlich zugleich. Ich fand aber, man könnte viel mehr daraus machen.

**WILLKOMMEN BEIM FEHLERMACHEN**

Was daraus wurde? Dieses Buch.

Ein Buch über Fehler, die dir als Gründerin oder Gründer passieren können. Die Angst, über Fehler zu sprechen, ist nach wie vor groß. Da kann heutzutage noch so viel von Fehlerkultur die Rede sein. Lernen aus Fehlern, gut und schön. Aber besser, man macht sie erst gar nicht, heißt es dann gleich. Das wird dir aber in vielen Fällen nicht gelingen. Der einzige Weg, garantiert keine Fehler zu machen, ist gar nicht erst zu gründen. Auch trotz gründlicher Vorbereitung und umsichtiger Verhaltensweise werden dir Fehler passieren, wenn du dein Start-up aufbaust, entwickelst und in die Skalierungsphase bringst. Nur ist es gut, sich des Fehlers rechtzeitig bewusst zu werden, um noch gegensteuern zu können. Du bemerkst ein Problem, analysierst die Ursachen und handelst dann entsprechend. So würdest du vorgehen – und so bin auch ich bei der Fehlerbeschreibung vorgegangen, damit du dich leicht und schnell orientieren und ins jeweilige Thema einfinden kannst.

# SO IST DAS BUCH AUFGEBAUT

Ich stelle dir die wichtigsten Fehler vor, die aus meiner Sicht in diesen drei Entwicklungsphasen deines Start-ups relevant sind:
- in der Gründungsphase,
- in den ersten zwölf Monaten und
- in der Scale-up-Phase.

Warum diese drei Phasen? In der Gründungsphase entwickelst du das Konzept für dein Start-up. Fehler, die hier passieren, wirst du vielleicht nicht unmittelbar bemerken. Sie können sich aber später umso drastischer auswirken und dir viele Probleme bereiten.

In der zweiten Phase, den ersten zwölf Monaten, startest du durch. Nun arbeitest du tatsächlich *an* statt nur *in* deinem Start-up.

»Der einzige Weg, garantiert keine Fehler zu machen, ist gar nicht erst zu gründen.«

**WILLKOMMEN BEIM FEHLERMACHEN**

Aus Konzept wird Realität. Noch ist es aber eine Art Versuchsanordnung. Du experimentierst herum, ob dein Unternehmen wirklich in den von dir gewählten Markt passt. Wiederum können dir ernste Fehler passieren, die den weiteren Verlauf negativ beeinflussen würden.

Erst in der dritten Phase, dem Scale-up, ist dein Start-up zu einem richtigen Unternehmen gereift. Du weißt jetzt genau, was dein Geschäftsmodell ist, was du wirklich erreichen willst. Alles ist auf Wachstum ausgerichtet. In dieser dynamischen Situation sind schwerwiegende Fehler leicht möglich.

Drei kritische Phasen also, in denen du aufpassen musst, das Richtige zu tun. In jeder Phase stellen sich dir neue Herausforderungen, an denen du wachsen wirst. In einem Einführungsteil schildere ich dir jeweils, was dich erwartet, welche Gefühle dich wahrscheinlich bewegen werden. Danach folgen die zehn wichtigsten Fehler der jeweiligen Phase.

Im Schlussteil blicke ich in die Zukunft. Wohin entwickelt sich die deutsche Start-up-Szene – und auf wen kommt es dabei am meisten an?

# WANN DIESES BUCH RICHTIG FÜR DICH IST - UND WANN NICHT

Ich weiß, wie man sich als junger Gründer oder junge Gründerin fühlt. Jung soll hier nicht auf das Alter bezogen sein, mehr auf die Tatsache, dass man zum ersten Mal ein Unternehmen aufbaut und noch relativ unerfahren ist.

Du hast also eine Gründungsidee und fragst dich, wie die nächsten Schritte aussehen könnten und was du dabei beachten solltest, um Fehltritte zu vermeiden. Oder du hast die ersten Schritte bereits gemacht, vielleicht ist dir auch schon der ein oder andere größere Fehler passiert, und du suchst nun nach einem relativ sicheren Weg durch den Start-up-Alltag.

Wenn du in eine dieser Kategorien fällst, bist du hier also absolut richtig. Dich erwarten viele Storys und Tipps, die dir helfen, dein Start-up zum Erfolg zu führen.

Halt mal, du bist eigentlich noch gar nicht so weit, ein Start-up zu gründen, denkst aber oft und gern darüber nach? Auch dann liest du richtig, denn du wirst in diesem Buch eine Menge Inspirationsstoff finden.

Falls du aber erwarten solltest, ein Kochrezept für den Start-up-Erfolg zu finden, mit Schritt-für-Schritt-Grafiken, Checklisten zum Abhaken und aufbauenden Sprüchen à la »Live your dream«, muss ich dich leider enttäuschen. Dies ist weder ein allumfassender Gründungs-Guide noch eine Erleuchtungsschrift.

Alle Beobachtungen, Analysen, Empfehlungen und Hinweise in diesem Buch beruhen auf meiner persönlichen Erfahrung aus mehreren Start-up-Gründungen. Sie sind deshalb höchst subjektiv und nicht empirisch fundiert. Das heißt auch: Etliche der geschilderten Fehler sind mir selbst passiert. Oder ich habe sie in meinem Umfeld bei anderen erlebt. Manche der geschilderten Situationen sind reale Geschichten aus meinen Gründungen, andere habe ich frei erfunden, um das Problem besser zu erklären.

Ich habe versucht, möglichst wenig branchen- und leistungsspezifisch zu schreiben. Die allermeisten Herausforderungen können in jeder Branche auftreten, unabhängig dessen, ob es nun um Produkte oder Dienstleistungen geht. Dennoch kann ich einen gewissen Schwerpunkt auf Technologie-Start-ups nicht verleugnen. Zum einen kenne ich mich in dieser Welt am besten aus, zum anderen ist der Start-up-Begriff eng mit der Technologiebranche verbunden.

**WILLKOMMEN BEIM FEHLERMACHEN**

Ich sehe mich nicht als allwissender Guru oder wandelndes Orakel der Start-up-Szene. Falls du in einem Punkt anderer Meinung bist oder du eine Anregung, Ergänzung oder Frage hast: Schreib mir einfach eine E-Mail an buch@thomaswillberger.de oder auf Twitter (@Thomas_ensc). Ich freue mich aufs Feedback.

# WAS ICH DIR (UND MIR) WÜNSCHE

Ob du dieses Buch nun am Strand liest, in der U-Bahn oder spätabends auf dem Bürosofa, ich hoffe, du hast Spaß dabei. Darüber hinaus wünsche ich mir natürlich, dass du rückblickend zumindest einmal sagen wirst: Mensch, dieser Fehler wäre mir beinahe passiert, aber zum Glück hatte ich davon gelesen. Dann hätte sich das Lesen für dich und die Schreibarbeit für mich schon gelohnt.

Keine Sorge, der Start-up-Alltag besteht nicht nur aus Fehlern, Störquellen und anderen Problemen. Es gibt viele Momente, in denen alles rund läuft und das Arbeiten Freude macht. In deinem Start-up wirst du es selbst erleben. Für jedes Problem findet sich eine Lösung, auf jede maue Phase folgt eine gute Zeit mit vielen großartigen Momenten.

Ein Start-up ist ein gewinnorientiertes Unternehmen, es geht um Wachstum und Profit. Für die Menschen, die in ihm arbeiten, ist es aber auch eine Reise, ein Aufbruch zu neuen Zielen. Wenn du das alles im Hinterkopf behältst, kann dein Start-up-Abenteuer zu einem der glücklichsten Abschnitte deines Lebens werden.

Viel Freude beim Lesen!

# 1. DIE GRÜNDUNG

**DIE GRÜNDUNG**

# 1.0 NICHT GLEICH ABHEBEN - WAS DICH IN DER GRÜNDUNGSPHASE BEWEGT

Du hast Herzrasen, Schmetterlinge im Bauch und eine leicht erhöhte Temperatur zugleich. Du stehst morgens auf und könntest alle Türen dieser Welt aus den Angeln reißen. Am späteren Vormittag bist du überzeugt, dass die Welt sich gegen dich verschworen hat und dir gigantische Hinkelsteine in den Weg legt. Und gegen Abend siehst du wieder alles entspannter und würdest die Welt am liebsten umarmen – wobei da meistens nur der Pizzabote vor der Tür steht und auf sein Trinkgeld wartet.

Klingt etwas neurotisch und crazy? Ich kann dich beruhigen. Das sind alles ganz normale Gefühle. Willkommen in der Gründungsphase.

Wann beginnt diese Phase eigentlich? In dem Moment, in dem dir ein Investor den letzten noch fehlenden Kapitalbetrag zusagt? Oder dann, wenn du mit deinen Co-Founderinnen das Notarbüro verlässt, in euren Händen der unterschriebene Gesellschaftervertrag? Vielleicht denkst du ja auch, dein fertiger Businessplan, die Anmietung des ersten Büroraums oder die Registrierung der Firmen-URL seien schon so etwas wie ein Gründungsmoment.

Einigen wir uns darauf: Allen diesen Momenten ist gemein, dass sie in einer Zeit stattfinden, in der dir alles irgendwie startbereit und dann doch wieder total unfertig und überhastet zusammengebastelt erscheint. Potenzial trifft Provisorium.

In dieser Etappe planst du die Umsetzung deines Geschäftsmodells. Du arbeitest am Businessplan, du tauschst dich mit Gleichgesinnten aus, du versuchst, Investorinnen und Investoren zu gewinnen, du feilst an deiner Strategie, du zweifelst, reflektierst, verwirfst und optimierst. Eine aufregende Phase, in jeder Hinsicht, und damit eine Zeit der großen Gefühle von Niedergeschlagenheit bis Euphorie.

Was dich jetzt erwartet und wie du dich fühlen wirst – darum geht es auf den folgenden Seiten. Ich beleuchte die wichtigsten Emotionen kurz und erkläre dir ihre Ursachen, damit du besser mit ihnen umgehen kannst. Eine gute Vorbereitung auf das, wann dann folgt: die zehn größten Fehler in der Gründungsphase.

## DAS GEFÜHL, SCHLECHT VORBEREITET ZU SEIN

Es gibt eine Metapher, welche die Situation von Gründerinnen und Gründern sehr treffend darstellt: Jemand springt aus einem Flugzeug und hat den Fallschirm nur als Bausatz dabei.

Genau so fühlte ich mich in meiner ersten Gründungsphase, und im Prinzip auch bei meinen weiteren Gründungen. Als jemand, der zwar wusste, was er vorhatte, aber erst im Tun realisierte, was ihm noch fehlte, welche Aufgaben nun anstanden, was es noch zu lernen gab. Vor allem aber war da die Einsicht: Alles musste unbedingt auf einmal passieren, sonst würde der Aufprall sehr schmerzhaft werden.

Zum einen heißt das, dass du niemals perfekt vorbereitet sein wirst. Das wäre auch nicht erstrebenswert, denn dann würdest du niemals springen. Perfektionistische Menschen neigen dazu, sich zu verzetteln oder zu prokrastinieren: Nächstes Jahr, da bin ich bereit und gründe mein Start-up. Ich muss nur noch dieses und jenes erledigen, dann aber …

Zum anderen ist es so, dass du trotz bester Vorbereitung jede Menge Unvorhergesehenes erleben wirst. Es kann gar nicht anders sein. Du wirst deine Vorstellung davon, wie die Dinge laufen, an eine sich ändernde Realität anpassen müssen. Du wirst zu deiner großen Überraschung feststellen, dass du gar keinen

**DIE GRÜNDUNG**

Fallschirm parat hast, sondern nur viele Einzelteile. Jetzt aber Tempo!

Aber keine Sorge, du wirst es rechtzeitig schaffen. Jede Gründerin, jeder Gründer kriegt den Schirm irgendwie zusammengebaut, mal besser, mal schlechter, mal schneller, mal langsamer.

Das nötige Wissen, die erforderlichen Fähigkeiten lernst du on the go, im freien Fall sozusagen. Schwindelerregend kann sich das anfühlen. Nie weißt du, ob dein Know-how bereits ausreicht. Du zweifelst, ob deine Erfahrung dich weit genug bringt. Aber was heißt schon Erfahrung?

## DAS GEFÜHL, ZU WENIG ZU KÖNNEN UND ZU WISSEN

Du wirst nie genug Erfahrung haben, wenn du startest. Du wirst oft denken, dass der Mangel zu groß sei. Dass du besser noch einmal warten und anderswo Erfahrungen sammeln müsstest. Dass du gar deine Pläne überhaupt aufgeben solltest.

Aber: Fehlende Erfahrung ist ebenso normal wie all die bereits genannten Gefühle, die dich verwirren und zweifeln lassen. Ich kenne das nur zu gut. Meine Erfahrung war bei jeder Gründung unzureichend. Doch ich habe im Laufe der Zeit gelernt, dass es weniger darauf ankommt, wie viel Erfahrung ich mitbringe, sondern wie gut ich in der Lage bin, mich auf neue Bedingungen einzustellen und zu lernen, wie es besser geht.

Die Erfahrung steigt, indem ich Erfahrungen mache. Eigentlich eine Binsenweisheit. Also ist es sinnvoll, Zweifel beiseite zu schieben und einfach anzufangen.

Leichter gesagt als getan? Es gibt da ein bekanntes Phänomen: das Impostor- beziehungsweise Hochstapler-Syndrom. Damit ist gemeint, dass man seinen eigenen Fähigkeiten und Erfolgen nicht traut und deshalb fürchtet, als Schwindler aufzufliegen.

**DON'T FAIL**

Selbst Menschen, die seit langer Zeit eine erfolgreiche Karriere verfolgen, können an einem schwachen Selbstbild leiden.

Als Gründerin oder Gründer, die oder der gerade anfängt, sich in einer Branche zu etablieren, kann dich dieses Gefühl der eigenen Unzulänglichkeit natürlich umso schneller beschleichen: Wer bin ich schon? Die anderen sind mir doch meilenweit voraus. Sobald die Investoren merken, wie wenig ich wirklich drauf habe, springen sie sicherlich ab. Dann ist das Spiel aus, bevor es richtig begonnen hat.

Falls du so oder ähnlich denkst, ist das einerseits nicht gerade die beste Voraussetzung für Erfolg, andererseits aber auch nicht besonders ungewöhnlich. Viele Menschen vor dir haben diese Unsicherheit erlebt oder stecken mitten in ihr drin. In einem offenen Gespräch werden dir das viele erfolgreiche Gründerinnen und Gründer bestätigen.

## DAS GEFÜHL, NICHT DAS ZEUG ZUM ERFOLG ZU HABEN

Echte Gründerinnen und Gründer, die haben es drauf. Ob auf Events, in Co-Working-Spaces oder in Szenekneipen in Berlin-Mitte. Wo immer du auf welche stoßen magst, wird es sich in der Regel eher um die Erfolgreichen handeln. Du fühlst dich als kleine Nummer. Die haben so viel erreicht – aber du stümperst vor dich hin.

Diejenigen, die mit ihrem Start-up gescheitert sind beziehungsweise wenig erfolgreich vorankommen, könnten dir sicher auch sehr hilfreiche, vielleicht sogar wertvollere Tipps geben. Doch da sie nicht auf Bühnen stehen, in Mikrofone sprechen oder abends beim Bier über ihre Erfolge fabulieren, kommen sie in deiner Wahrnehmung nicht vor. Das Ganze hat mit dem Survivorship Bias (dt. Überlebenden-Verzerrung) zu tun. Einer kognitiven Verzerrung,

**DIE GRÜNDUNG**

die unter anderem dazu führt, dass man die Erfolgswahrscheinlichkeit überschätzt, weil erfolgreiche Beispiele sichtbarer sind als unerfolgreiche. Überall in unserem Leben passiert diese Verzerrung. Im Musikbusiness zum Beispiel blicken alle auf die großen Stars und versuchen, ihr Erfolgsrezept zu interpretieren und eventuell zu kopieren. Man muss sich ständig neu erfinden (Madonna). Man braucht nur eine Gitarre und die richtigen Songs (Ed Sheeran). Man sollte bipolar und etwas größenwahnsinnig sein (Kanye West). Vergessen wird dabei gern, dass auf jeden Star abertausende erfolgloser Künstlerinnen und Künstler kommen, die ebenfalls erfindungsreich, talentiert und charakterstark sein mögen. Nur sieht und hört die niemand. Sie scheitern im Verborgenen.

Weitere Verzerrungen treten auf, weil erfolgreiche Gründerinnen und Gründer sehr oft etwas dicker auftragen. Sie betonen die positiven Entwicklungen und kehren die negativen Erfahrungen unter den Tisch. Ein solcher Fokus auf das Gelungene ist total menschlich und passiert nicht nur in der Start-up-Szene. Dein Unterlegenheitsgefühl fußt also darauf, dass du die Erfolgreichen viel zu ernst nimmst. Sie sind auch nur Menschen, die einmal klein angefangen haben.

## DAS GEFÜHL, ANDEREN ETWAS SCHULDIG ZU SEIN

Apropos Geld. Es gibt viele Klischees über das Start-up-Gründen. Unter anderem jenes, dass sich Gründerinnen und Gründer das Anfangskapital von Familie und Freunden zusammenschnorren. Da wird dann die Oma überzeugt, dass ihre mageren Ersparnisse bestens in einem Hochrisiko-Investment angelegt seien. Oder ein Onkel sieht sich als Mini-Warren-Buffett und will mit 20 000 Euro groß ins Tech-Business einsteigen.

## DON'T FAIL

Ehrlich gesagt sind diese Klischees gar nicht so fernab der Realität. In vielen Fällen kommt das Startkapital, die ersten zwanzig, dreißig oder fünfzig Tausend Euro, tatsächlich von einem Familienmitglied oder mehreren Verwandten. Auch Freunde sind eine beliebte Finanzierungsquelle. Beide Male also Menschen, die Vertrauen in die Gründerin, den Gründer haben, und sie oder ihn unterstützen wollen. Selbst auf die Gefahr hin, das Geld nie wiederzusehen.

Neben diesen beiden Investorentypen gibt es noch eine dritte Kategorie: Menschen mit Geld, die verrückt genug sind, sich auf das Wagnis einzulassen. Das können Bekannte sein, eine Nachbarin oder der bisherige Chef. Insgesamt spricht man im Englischen von den 3 F: Family, Friends and Fools. Nicht wenige Start-ups verdanken ihnen die Anfangsfinanzierung. Das ist auch gut so, denn andere Möglichkeiten sind zu Beginn oftmals nur schwer zu finden. Ohne die 3 F blieben also viele gute Ideen unrealisiert.

Leider hat die oftmals enge Verbindung zu den 3 F ihre Tücken. Falls es sich um Familienmitglieder handelt, siehst du sie wahrscheinlich regelmäßig. Teilweise täglich oder zumindest am Wochenende. Bei Freunden ist es ähnlich. Entsprechend oft wird man sich nach dem Stand der Dinge erkundigen. Na, wie läufts? Jedes Mal musst du eine Antwort parat haben, am besten eine positive Meldung. Negative Dinge wirst du eher verschweigen oder schönreden. Kommt nicht so gut an, wenn du einen Prototyp verbockt hast, der so viel gekostet hat wie eine hochwertige Einbauküche.

Du bist dir natürlich bewusst, dass du zu viel flunkerst und verschweigst. Du fühlst dich irgendwie schlecht dabei. Bei irgendwelchen Risikokapitalgebern hättest du diese Schuldgefühle weniger. Da wäre es professionelle Kommunikation.

Also musst du jetzt doppelt so hart arbeiten, damit dein Startup abhebt. Dann wirst du Familie, Freunde und »Fools« mit einer fetten Rendite entschädigen können. Das fühlt sich dann sicherlich sehr viel besser für dich an.

## DAS GEFÜHL, DIE DINGE SCHÖNREDEN ZU MÜSSEN

Zeitsprung in den jungen Start-up-Alltag. Du hast die ersten Mitarbeitenden, ihr seid jetzt ein echtes Team. Davon hast du immer geträumt. Tolle Talente, die tolle Dinge realisieren. Du fühlst dich wie frisch verliebt. Es gibt keine Neins, nur Jas. Ja, alles geht, alles fließt. Ja, wir sind wie eine Familie. Ja, jede und jeder bringt sich voll ein.

Du bist stolz darauf, die besten Leute gefunden zu haben. Mit dieser geballten Ladung an Kompetenz seid ihr unschlagbar. Denkst du.

Deine akute Neigung, alles durch die rosarote Brille zu betrachten, beruht auf einem Trugschluss. Dir fehlen mangels Erfahrung die Vergleichsmaßstäbe, deshalb erscheint dir alles in den schillerndsten Farben und Formen. Du bewunderst zum Beispiel, wie gekonnt die neue Entwicklerin programmieren kann. Sie mag dir viel voraushaben, aber auch den anderen Entwicklerinnen im Markt? Eventuell leistet sie ganz einfach nur das, was man von einer Fachkraft ihres Levels erwarten darf. Nur kannst du es nicht richtig beurteilen. Stattdessen romantisierst du die Realität, siehst dich umgeben von Helden der Arbeit.

Ich kenne dieses überschwängliche Gefühl, das sich zu Beginn einstellt, nur zu gut. Ich bin ihm immer wieder erlegen, trotz besseren Wissens. Mit wachsender Erfahrung wirst du den Zustand deines Teams realistischer einschätzen können.

## DAS GEFÜHL, DASS ETWAS NICHT STIMMEN KÖNNTE

Falls dich jetzt bei all diesen Hinweisen und Fragen ein komisches Gefühl beschleicht, so ein schwer zu verortendes Kribbeln oder Ziehen im Körper, kann ich dich beruhigen. Das ist symptomatisch für jemanden, der mitten in der Gründungsphase steckt. Irgendwo tief in dir drin lauert eine Vorahnung. Sie mag noch klitzeklein sein, schwer zu fassen, recht diffus. Doch sie ist da.

Worum geht es bei dieser Vorahnung? Ich sage es einmal so: Dein Bauchgefühl sagt dir, dass dein genialer Plan A einen Knackpunkt hat, vielleicht sogar eine Sollbruchstelle. Irgendwann in nicht allzu ferner Zukunft wird das offensichtlich werden. Du magst dich noch so an deinen Plan A klammern – er wird vermutlich platzen und du musst umschwenken. Auf Plan B.

Aber wer weiß, deine Vorahnung könnte sich als trügerisch erweisen. Dein Plan A geht auf und alles ist gut. Bis du an diesen Punkt gelangt bist, wird dich aber dieses diffuse Gefühl der vermeintlichen Schwäche deines Plans begleiten. Du wirst hoffen, dass niemand anderem der Knackpunkt auffällt. Wie peinlich wäre das denn? Wie du dir mittlerweile denken kannst, ist auch diese Befürchtung ein Normalzustand in der Gründungsphase. Versuche, so gut wie möglich mit ihr zu leben.

## DAS FEHLERMACHEN KANN BEGINNEN

Jetzt aber genug mit den Einblicken in das Seelenleben von Gründerinnen und Gründern. Die Gründungsphase ist nicht nur emotional, sondern auch strategisch und organisatorisch eine Berg- und Talfahrt. All diese Facetten spielen in den folgenden zehn größten Fehlern dieser Phase eine Rolle.

**DIE GRÜNDUNG**

# 1.1 SICH EINE NISCHE OHNE WETTBEWERB SUCHEN: WARUM DU NIE DER EINZIGE SEIN SOLLTEST

Isa und Robert sind sich einig: Ihre Gründungsidee ist endlich perfekt. Kann gar nicht anders sein. Seit mehr als zwei Jahren feilen sie schließlich schon an ihr herum. Sie haben sich jede Menge Feedback geholt. Von Leuten, die sich auskennen. Die wissen, was abgeht im Markt. Die total gut vernetzt sind. Einer von denen war sogar ein guter Buddy Elon Musks. Oder war es Frank Thelen? Egal, er gab richtig wertvolles Feedback. Goldwert, sozusagen.

Isa war erst skeptisch gewesen, ob man sich wirklich von so vielen Leuten reinreden lassen sollte. Viele Köche verdarben den Brei, sagte man ja. Aber Robert hatte sie überzeugt. Quatsch, viele Köche sind gut, wenn es die richtigen Köche sind. Wir sind doch zwei absolute Beginner aus der Provinz. Da können wir froh sein, wenn wir was von den Großen lernen dürfen.

Ihre Idee hatte sich durch die ganzen Feedbackschleifen sehr verändert. Babysachen im Abomodell vertreiben, das war ihre Ursprungsidee. Wow, cool, mega – so klangen die ersten Reaktionen aus dem Freundeskreis. Isa und Robert schwebten auf einer Wolke der Euphorie. Bald darauf stand der Businessplan. Lief alles bestens, dachten sie.

Dann kam der erste Pitch. Ein riesiger Reinfall. Die beiden hatten nicht mit derart bohrenden Fragen gerechnet: Wie grenzt ihr euch vom Wettbewerb ab? Ist das denn »unique«, was ihr da vorhabt? Wie reagiert ihr, wenn Amazon das auch anbietet?

Die Erfahrungen aus dem Pitch machten Isa und Robert nachdenklich. Vielleicht sollten sie doch noch einmal grundsätzlich an ihrer Idee arbeiten? Sie einzigartiger machen, um weniger angreifbar zu sein?

Findet eine Marktnische, in der ihr die einzigen Anbieter seid. So kommt ihr keinem gefährlichen Player in die Quere. Das hatten ihnen mehrere Leute geraten. Gesagt, getan. Statt eine breite Palette an Babysachen, also Kleidung, Windeln, Pflegemittel und Spielzeug, im Abomodell anzubieten, wollten sie sich nun auf eine einzige Produktreihe konzentrieren: Schnürsenkel für Babyschuhe, im Abomodell. Natürlich fair produziert, vegan, ohne schädliche Inhaltsstoffe. Gibt es bislang noch nicht, wie sie ermittelt haben. Eine echte Nische, in der sie keine Konkurrenz haben. Die Investoren werden begeistert sein.

Auf die gar nicht so abwegige Frage, warum es keine Wettbewerber in dieser Nische gibt, sind sie bislang nicht gekommen. Hauptsache, sie können beim nächsten Pitch stolz verkünden: Wir sind die Einzigen.

## WAS HIER SCHIEFLÄUFT: ÜBERTRIEBENE ANPASSUNG AN DIE ERWARTUNGEN ANDERER MINDERT DIE ERFOLGSCHANCEN

Im Prinzip machen Isa und Robert vieles richtig. Sie geben sich offen für Anregungen und Kritik. Sie ziehen Lehren aus ihren Pitch-Erfahrungen. Nur sind ihre Schlüsse nicht gerade die besten. Mit der Einzigartigkeit kann man es auch übertreiben.

Aufgrund von Fehleinschätzungen in einer merkwürdigen Marktnische zu landen, passiert schneller, als man denkt. Überall hört und liest man davon, dass ein neues Produkt, ein neuer Service möglichst besonders, am besten sogar einzigartig sein sollte. Mit klarem USP, das heißt Unique Selling Proposition. Ein solches Alleinstellungsmerkmal hebt vom Rest des Wettbewerbs ab.

## DIE GRÜNDUNG

Doch in der Realität tun sich viele Gründerinnen und Gründer verdammt schwer mit dieser Anforderung. Verunsichert von Investorenfragen nach der Einzigartigkeit ihres Angebots geraten sie ins Schlingern. Hundsgemeine Fragen gibt es da, etwa: Wie wollt ihr denn sicherstellen, dass ein etablierter Anbieter eure Idee nicht sofort nachmacht? Gerade bei Ideen im Softwarebereich wird schnell mal in den Raum gestellt, dass Google oder Microsoft jede erfolgreiche Start-up-Idee direkt kopieren würden.

Sofern es schon Wettbewerber in dem entsprechenden Markt gibt (in den allermeisten vielversprechenden Märkten gibt es die!), werden die Marktchancen von Investoren gern kleingeredet. Zu viel Konkurrenz, zu wenig Potenzial und so weiter.

Gründerinnen und Gründer kommen angesichts des Drucks, unter den sie durch solch bohrende Fragen geraten, leicht zum Schluss: Ich muss mir eine echte Nische suchen, in der kein anderer ist. So wie Isa und Robert es getan haben. Sie fühlen sich einfach besser damit, wenn sie im Pitch klare Kante zeigen können. Ja, was wir machen, macht kein anderer.

Die absolute Nische ist kein guter Wettbewerbsvorteil. Denn meistens gibt es gute Gründe dafür, warum niemand außer dir hier aktiv ist: Weil die Nachfrage sehr gering ist. Weil nötige Ausgaben und mögliche Einnahmen in keinem Verhältnis zueinander stehen. Weil der Nutzen der Leistung schwer vermittelbar ist. Letzteres ist vermutlich der Grund, warum Babyschnürsenkel im Abomodell keine gute Idee wäre. Viele Babyschuhe haben gar keine Schnürsenkel, und selbst wenn, dann hält sich der Verschleiß in Grenzen. Klar, vielleicht gibt es einen Hype: Wer hat die coolsten Schnürsenkel in der Krabbelgruppe? Aber bis dahin sollten sich Isa und Robert lieber etwas anderes überlegen.

**DON'T FAIL**

# SO MACHST DU ES RICHTIG: NISCHE IST GUT, ABER WETTBEWERBSVORTEIL IST BESSER

Business lebt vom Wettbewerb. Die stille kuschelige Nische, in der dir keiner was will, ist eine Illusion. In einer derartigen Komfortzone fühlst du dich vielleicht am Anfang gut aufgehoben. Auf Dauer wirst du dort aber nicht glücklich: Wachstum ist fast unmöglich. Der Antrieb zur Weiterentwicklung fehlt. Deshalb bleibt der Erfolg aus.

Nischen an sich müssen nicht schlecht sein. Es gibt durchaus kleine Marktsegmente, die tolle Chancen auf Wachstum bieten. In der Regel wirst du aber nicht der einzige Player sein oder gar bleiben.

Selbst in Märkten mit hohem Wettbewerbsdruck kannst du brillieren, solange du einen signifikanten Wettbewerbsvorteil bietest. Das Bankgeschäft mit Privat- und Geschäftskunden ist zum Beispiel ein Markt, in dem es etliche große Player gibt. Besser die Finger davon lassen, oder? Da kann man niemals mithalten, nicht wahr? Einige Fintech-Start-ups ignorieren solche Bedenken und treten gegen die Etablierten mit starken Vorteilen an: Sämtliche Bankgeschäfte laufen über eine App. Kein teures Filialnetz, alles passiert online und in Echtzeit. Das sollen die Großen erst einmal nachmachen.

# DER LETZTE KANN DER BESTE SEIN

OK, wirst du jetzt vielleicht denken, man muss nicht einzigartig sein. Aber der Erste zu sein, der eine Idee hat und sie umsetzt – das ist doch das klassische Erfolgsrezept, oder?

Ganz im Gegenteil. Eigentlich spricht eine Menge dafür, kein Pionier zu sein, sondern eher zu den Nachzüglern zu gehören. Peter Thiel nennt das in seinem Buch *Zero to One* (2014) den »Last Mover Advantage«. Gängige Vorstellung im Business ist es, dass man einen unbesetzten Markt am besten als Erster erobern sollte. Es zeigt sich jedoch, dass die Unternehmen im Vorteil sind, die erst später in den Wettbewerb eintreten. Sie können von den Fehlern der Ersten lernen und ein besseres Angebot entwickeln. Das Kunststück dabei ist es, den optimalen Zeitpunkt zu erwischen und weder zu früh noch zu spät ins Rennen einzusteigen. Kommt man zu früh, könnten einen spätere Einsteiger übertrumpfen. Versucht man den Einstieg zu spät, ist der Markt eventuell bereits komplett besetzt.

Vom »Last Mover Advantage« profitierten zum Beispiel sehr bekannte Marken. Vor Facebook gab es bereits andere Social Networks wie MySpace. Auch Suchmaschinen existierten schon vor Google. Trotzdem setzten sich beide Unternehmen durch, indem sie an entscheidenden Punkten deutlich besser waren.

## NICHT IN NISCHEN, SONDERN IN CHANCEN DENKEN

- Hole dir Feedback zu deiner Idee, aber gehe vernünftig damit um. Nicht jeder lockere Spruch am Rande des Networking-Events sollte dich in eine konzeptionelle Krise stürzen.
- Weiche nicht in stille Nischen aus, um dich unangreifbar zu machen. Finde lieber ein starkes Alleinstellungsmerkmal, das Investoren überzeugt.
- Verabschiede dich von den Mythen, »einzigartig« oder »der Erste« sein zu müssen. Etwas besser zu sein als der Rest, reicht in vielen Fällen aus, um Erfolg zu haben.

**DON'T FAIL**

# 1.2 DER IRRTUM DER ZÜNDENDEN IDEE: WARUM DU EINFACH ANFANGEN SOLLTEST

Julian könnte ein toller Gründer sein. Er hat alles, was es braucht: Er ist hervorragend ausgebildet, hat eine lockere, selbstbewusste Art, steckt voller Ideen, ist offen für die Ansichten anderer und kann gut im Team, aber auch allein arbeiten. Mensch, Julian, hört er seine Freunde seit Jahren sagen, mach doch dein eigenes Ding. Du hast das Zeug dazu.

Mensch, Julian, das sagt auch die Stimme in ihm. Doch sie klingt schärfer und anklagender als die seiner Freunde: Mensch, Julian, du hast deinen Angestelltenjob doch eigentlich satt. Was soll das schöne Gehalt, der Dienstwagen, die Vierzimmerwohnung, wenn du nicht glücklich bist? Hey, du wolltest doch immer unabhängig sein, als Unternehmer, dein eigener Chef!

Du hast ja recht, antwortet Julian. Stimmt alles, keine Frage. Mein eigenes Start-up, das ist echt mein Traum. Diese ganze Sicherheitsdenke geht mir so was von auf den Keks. Ich will mein Ding machen. Ich habe ja auch eine Idee, mit der ich starten kann. Die reift schon eine ganze Weile in mir und will endlich raus ins Licht der Welt. So wie bei *Alien*, wenn das kleine Monster den Brustkorb sprengt. Nur nicht so blutig, aber schon mit viel Wumms und Crash und Bang.

Die kleine gemeine Stimme in ihm lässt nicht locker: Und wann passiert das endlich? Das mit dem »Durchbruch« hast du mir schon letzte Woche erzählt, und vor zwei Monaten, und letztes Jahr gleich mehrmals.

Na ja, antwortet Julian. So richtig zündet die Idee noch nicht. Will mich ja nicht blamieren, wenn es dann nicht klappt. Wie sähe das denn aus? Ich gebe meinen sicheren Job auf, gehe voll ins Risiko und dann mache ich plötzlich eine Bauchlandung. Kann mir schon vorstellen, wie mir dann alle in den Ohren liegen. Meine Familie, meine Freunde. Hättest du mal nicht so überstürzt losgelegt!

Deshalb will ich perfekt vorbereitet sein, damit nichts schiefgehen kann. Oder zumindest so wenig wie möglich. Dafür brauche ich ganz einfach noch Zeit. Aber weißt du, mit einer geilen Idee wird dann alles anders sein. Die wird direkt einschlagen, alle begeistern, da gibt es dann keine Zweifel mehr.

Julian ist froh, dass die Stimme jetzt schweigt. Er muss noch eine Präsentation für den Job vorbereiten. Ach, und einen Segeltörn in Katalonien buchen. Schon charmant, wenn man sich das erlauben kann. Wenn er erst einmal sein Start-up hat, wird das nicht mehr so easy gehen. Wenn, ja, wenn …

## WAS HIER SCHIEFLÄUFT: SICHERHEITSDENKEN UND HOHE ANSPRÜCHE AN SICH SELBST BLOCKIEREN DEN START

Julian ist kein Einzelfall. Es gibt viele Menschen wie ihn. Sie träumen vom eigenen Start-up, haben auch eine ungefähre Vorstellung, in welche Richtung es gehen soll, doch sie warten endlos auf »die zündende Idee«. Was verbirgt sich hinter diesem wundersamen Phänomen?

Der zündenden Idee werden wahre Wunderkräfte zugeschrieben. Sie besitzt eine derartige Überzeugungskraft, dass sie über jeden Zweifel erhaben ist. Sie versetzt den Gründer oder die Gründerin in die Lage, die aktuelle Komfortzone zu verlassen und sich auf neues unternehmerisches Terrain zu begeben. Das gesamte soziale Umfeld unterstützt ihn oder sie dabei – schließlich ist die Idee ja grandios und reißt alle vom Hocker.

## DON'T FAIL

Ist das alles realistisch? Nein. Die zündende Idee ist ein Wunschtraum. Es mag Ideen geben, die einen wirklich umhauen, aber in den allermeisten Fällen erschließt sich das Potenzial einer Gründungsidee erst bei genauerer Betrachtung, zum Beispiel durch den Businessplan.

Warum glauben viele dennoch daran, dass sie unbedingt eine zündende Idee brauchen? Diese Menschen sehen sich hohen Erwartungen gegenüber, eigenen wie auch denen ihres sozialen Umfelds. Sie wollen auf keinen Fall Fehler machen oder gar scheitern. Diese Angst hält sie vor dem Sprung in die Selbstständigkeit ab. Sie warten und warten, dass ihnen endlich die rettende Idee kommt. Während dieser Wartezeit verschlingen sie Bücher über das Gründen, hetzen von einem Networking-Event zum anderen, quasseln nächtelang mit Freunden und Fremden über ihren Traum vom Start-up.

Nur kommt wenig dabei heraus. Auf Ideen zu warten, ist keine gute Strategie. Noch dazu, wenn man glaubt, dass sie perfekt sein müssen. Keine Idee ist perfekt. Sie sollte besser flexibel und anpassungsfähig sein, weil sich die Businesssituation permanent ändern kann.

Wer aktuell angestellt ist und in bequemen Verhältnissen lebt, würde gern den sicheren Job gegen eine sichere Perspektive als Start-up-Gründer oder -Gründerin eintauschen. Doch diese Sicherheit gibt es nicht. Keine Vorbereitung, kein Plan kann verhindern, dass etwas schiefgeht. Der Vorwurf »Das hättest du doch vorhersehen können!« geht daher ins Leere. Man kann eben nicht alles vorher wissen, einplanen und entsprechend handeln.

Das mag für Risikoscheue und Perfektionisten eine bittere Erkenntnis sein. Aber ein wenig mehr Realismus erspart ihnen, dass ihre Start-up-Gründung zu einer unendlichen Geschichte wird.

**DIE GRÜNDUNG**

# SO MACHST DU ES RICHTIG: KEINE ANGST VOR DEM START INS UNGEWISSE

Ins Ungewisse starten? Das hört sich erst einmal waghalsig an. Ist es aber gar nicht. Du wirst nie alle Fakten, Risiken und möglichen Veränderungen im Blick haben können, wenn du startest. Keine Idee wird so zündend, also so gut sein, dass sie dir erspart, dein Business und deinen Markt ständig zu beobachten und gegebenenfalls Anpassungen vorzunehmen.

Angst ist ganz normal, gerade am Anfang deiner Gründerkarriere. Du musst mit ihr leben. Sie darf dich natürlich nicht auffressen und blockieren. Um sie zu minimieren, hilft es, dir deine Stärken und Fähigkeiten vor Augen zu halten. Anstatt allein darauf zu vertrauen, dass ein Riesenpotenzial in deiner Idee steckt, suche lieber nach dem Potenzial in dir selbst. Vielleicht verfügst du über zwei oder drei Kompetenzen, die allein betrachtet nicht außergewöhnlich sein mögen, dir aber in ihrer Kombination einen USP verschaffen. Zum Beispiel BWL-Wissen plus Programmierkenntnisse plus künstlerische Kreativität.

Oder hast du eine besondere Eigenschaft, die dich auszeichnet: extreme Neugierde, ungeheure Detailverliebtheit, riesige Kommunikationsfreude? Je nach Geschäftsmodell und Markt kann sie dir eventuell einen enormen Vorsprung bringen.

## KEINE IDEE IST IDIOTENSICHER

Über die persönliche Analyse hinaus gibt es weitere Wege, wie du für deinen Start etwas mehr Sicherheit gewinnen kannst. Nimm hierfür deine Idee genauer unter die Lupe. Frage dich zum Beispiel, ob die Komplexität deines Geschäftsmodells in einem vernünftigen Verhältnis zum angestrebten Ergebnis steht. Wenn du ein medizinisches Produkt entwickeln willst, könnten dir hohe regulatorische Anforderungen einen Strich durch die Rechnung machen.

Bei deiner Idee geht es um ein Softwaretool oder eine Dienstleistung? Hier hast du eine relativ hohe Flexibilität, um auf sich wandelnde Trends und verändertes Kundenverhalten zu reagieren. Aber aufgepasst: Falls dein Produkt auf einer Plattform fußt (zum Beispiel von Salesforce oder SAP), wirst du nur eingeschränkt reagieren können, falls sich das Verhalten der Plattform ändert oder ihre Kunden andere Anforderungen stellen. Versuche daher, mit deinem Produkt flexibel auf Änderungen am Markt oder im Kundenverhalten reagieren zu können.

Jedes Geschäftsmodell hat seine Stärken und seine Tücken. Welche Punkte dafür und dagegen sprechen, zeige ich dir in einer Übersicht (siehe Abbildung 1).

Auch ein Business Angel kann dir mehr Sicherheit geben. Sie oder er unterstützt dich nicht nur mit finanziellen Mitteln, sondern auch durch viele hilfreiche Ratschläge. Du profitierst im Idealfall von großer Erfahrung und lernst, dass man im Business mit bestimmten Ungewissheiten leben muss.

Wie gesagt, so kannst du etwas sicherer werden. Doch selbst bei größter Umsicht wirst du deine Idee nicht durchchecken können wie beim TÜV. Nicht alles wird vorhersehbar und planbar sein. Vergiss nie: Du machst im Idealfall etwas Neues, gehst in eine Richtung, in die vorher noch niemand gegangen ist. So wie die eine einzig richtige Idee nicht existiert, gibt es auch nicht die Idee, die 100-prozentig sicher ist.

|  | PRO | CONTRA |
|---|---|---|
| *Softwareprodukt* | • NIEDRIGE SKALIERUNGSKOSTEN<br>• WELTWEIT VERMARKTBAR<br>• KURZE ITERATIONSZYKLEN<br>• PLANBARE CASHFLOWS BEI ABOMODELLEN | • AUFWÄNDIGER ENTWICKLUNGSPROZESS<br>• ABSTRAKTE BEDARFSANALYSE VOR ENTWICKLUNGSBEGINN |
| *Hardwareprodukt* | • GERINGERE KOPIERBARKEIT | • LANGE ITERATIONSZYKLEN<br>• KAPITALINTENSIVE PRODUKTION UND ENTWICKLUNG |
| *Nahrungsmittel* | • GROSSER POTENZIELLER MARKT<br>• HOHE MARKENLOYALITÄT | • KOMPLEXE LOGISTIK BEI VERDERBLICHEN LEBENSMITTELN<br>• HOHE INITIALE MARKETINGKOSTEN<br>• LÄNDERSPEZIFISCHE REGULATORIEN |
| *Dienstleistung* | • GERINGE ANFANGSINVESTITIONEN<br>• DIREKTES FEEDBACK DURCH KUNDENKONTAKT | • SKALIERT MIT ANZAHL DER MITARBEITENDEN<br>• ZYKLISCHES GESCHÄFT DURCH PROJEKTE |
| *Online-Plattform* | • STARKER »LOCK-IN« DER ANWENDER DURCH HOHE NUTZERBASIS | • KRITISCHE MASSE AN NUTZERINNEN NÖTIG<br>• MONETARISIERUNG OFT IM WIDERSPRUCH ZU SCHNELLEM WACHSTUM |

Abb. 1: Vor- und Nachteile der häufigsten Geschäftsmodelle

## NICHT DER ANGST, SONDERN DER REALITÄT INS AUGE BLICKEN

- Warte nicht ewig auf die »zündende Idee«, sondern entscheide dich nach gründlicher Überlegung für eine Idee, die du unter realistischen Bedingungen umsetzen kannst.
- Gehe schrittweise vor, passe dein Vorgehen beständig an sich wandelnde Gegebenheiten an, lerne aus Fehlern. So machen es alle erfolgreichen Gründerinnen und Gründer der Welt.
- Lerne, mit Ängsten und Sorgen zu leben. Diese sind ganz normal und sollten dich nicht vom Start abhalten.

**DIE GRÜNDUNG**

# 1.3 GEHEIMHALTUNG IST ÜBERBEWERTET: WARUM DU OFFEN ÜBER ALLES REDEN SOLLTEST

Jeder Mensch hat Geheimnisse. Dinge, über die er schweigt oder ungern spricht. Warum ausgerechnet die Idee für eine Start-up-Gründung zu diesen geheimen Dingen zählen sollte, leuchtet mir nicht ein. Dennoch erlebe ich es öfters: Die Idee, der Name, das Geschäftsmodell, manchmal sogar die Existenz des Start-ups an sich werden zur Geheimsache erklärt. Area 51 lässt grüßen.

Neulich zum Beispiel traf ich mich mit einem angehenden Gründer zu einem Spaziergang durch Karlsruhe. Wie es so ist, wenn zwei Start-up-Menschen miteinander reden, ging es um die üblichen Probleme und Herausforderungen, um das Unternehmen auf die nächste Wachstumsstufe zu heben. Für Außenstehende ist all das wenig interessant, sollte man meinen. Mein Bekannter sah das anders. Wenn er über Details seiner neuen Produktversion sprach, senkte er seine Stimme ab, sodass ich genau hinhören musste, um noch etwas zu verstehen. Im verschwörerischen Ton erläuterte er mir seinen Plan, von dem die Konkurrenz nichts ahnen sollte. Um uns herum konnte ich auch niemanden entdecken, der auch nur annähernd nach Start-up-Szene aussah. Sollten Agenten anwesend gewesen sein, waren sie gut getarnt als beige gekleidete Seniorinnen und italienische Eisverkäufer.

Ähnlich geheimnisvoll gestaltete sich eine Begegnung mit einem anderen Gesprächspartner. Wir saßen in einem Restaurant und ich sollte ihm Feedback für seine Gründung geben. Das hätte ich auch sehr gern getan – wenn ich denn jemals erfahren hätte, was er vorhatte. Denn er wollte unter keinen Umständen mit seiner Idee herausrücken. Diese schien für ihn dermaßen einzigartig zu sein, dass niemand von ihr erfahren durfte. Nachahmer lauern überall, so dachte er wohl. Wir redeten also den ganzen Abend um den heißen Brei herum. Entsprechend oberflächlich fielen meine Ratschläge an ihn aus. Ich weiß bis heute nicht, welche Idee er verfolgte und was aus ihr geworden ist.

## WAS HIER SCHIEFLÄUFT: SELBSTSCHUTZ UND FURCHT VOR DEM WETTBEWERB RESULTIEREN IN GEHEIMNISTUEREI

Warum halten wir Dinge geheim? Wir wollen nicht, dass andere zu viel über uns erfahren und uns verletzen könnten. Nun wäre es zu kurz gedacht, einfach zu behaupten, dass sich hinter jedem Geheimniskrämer ein fragiles Ego verberge. Selbst eine sehr selbstsichere Gründerin kann es mit der Verschwiegenheit maßlos übertreiben. Trotzdem will auch sie sich schützen.

In vielen Fällen hat ein solches Verhalten mit dem Glauben an die »zündende Idee« zu tun. Die eigene Idee wird als so bahnbrechend und wertvoll eingeschätzt, dass man sie unbedingt vor den Augen und Ohren anderer abschirmen will. Im Grunde schützt man durch die Geheimhaltung aber nur eines: den eigenen Einzigartigkeitswahn. Wird dieser angekratzt, dann gerät einiges ins Wanken: die schöne Zukunftsplanung, die vermeintlich hohe Sicherheit, mit dem Start-up erfolgreich zu werden. Daher gibt man sich viel Mühe, die Idee vor den kritischen Blicken der Umwelt zu verbergen. Was niemand weiß, macht niemanden heiß. Umso länger kann man das Gefühl genießen, sich im Besitz einer ganz besonderen Idee zu befinden.

Geheimhaltung ist also zum einen Selbstschutz. Man schützt sich vor der möglichen Erkenntnis, doch nur ein »ganz normales« Start-up zu gründen. Der Irrglaube, der Welt einen Schritt voraus

**DIE GRÜNDUNG**

zu sein, könnte enttäuscht werden. Zum anderen steht in der Regel eine übertriebene Furcht vor dem Wettbewerb dahinter.

Was wird nicht alles von den Konkurrenten erwartet und befürchtet. Dass sie ihre Augen und Ohren überall haben. Dass sie jede neue Idee unbarmherzig kopieren und unter ihrem Namen kommerziell ausschlachten. Dass sie jedem neuen Mitbewerber Steine in den Weg legen, damit er strauchelt.

Zugegeben, der Wettbewerb ist hart. Erfolgreiche Konzepte werden schnell kopiert. Und Nachmachen geht immer schneller als Vormachen. Das heißt deshalb für jede Gründerin, jeden Gründer: Sei besser als die anderen. Allein strikte Geheimhaltung sichert dir nicht den Vorsprung. Nur Schnelligkeit und Effektivität in der Umsetzung machen den Unterschied. Einen absoluten Schutz vor dem Wettbewerb wird es nie geben. Weder durch Mund halten noch durch Anwälte und Patente. Die Idee muss in die Welt hinaus, sich dem Wettbewerb stellen, sonst geht sie ein.

Übrigens: Sollte der Erfolg eines Unternehmens tatsächlich auf einem Geheimnis beruhen, dann ist das Geschäftsmodell in der Regel sehr angreifbar. Denn früher oder später wird die Welt von der Idee erfahren und der »geheime« Vorsprung ist dahin.

## SO MACHST DU ES RICHTIG: SICHTBARKEIT ALS ERFOLGSGEHEIMNIS

Verschwiegenheit und Geheimhaltung sind das Gegenteil von Offenheit und Sichtbarkeit. Letztere brauchst du aber, um dein Startup erfolgreich auf den Weg zu bringen. Nur so bekommst du gute Tipps von denen, die sich in deinem Business auskennen. Nur so wirst du in Pitches überzeugen und die besten Mitarbeitenden finden. Nur so hast du überhaupt die Chance, deine Idee zu verwirklichen.

Nimm das Beispiel des verschwiegenen Gründers, von dem ich am Anfang erzählt habe. Hätte er mir verraten, worin seine Idee bestand, hätte ich ihm vielleicht bessere Tipps geben können. Ich weiß selbst noch, wie dankbar ich am Anfang meiner Gründerkarriere für jeden Hinweis, jede Empfehlung von erfahreneren Menschen war. Bei einer Pizza oder einem Drink erhältst du eine kostenlose Beratung. Lasse dir so eine Gelegenheit nicht entgehen, weil du störrisch auf deiner Idee hockst.

Natürlich solltest du dir deine Gegenüber gut aussuchen. Verfügt die jeweilige Person über die passende Expertise? Kannst du von ihr lernen? Wenn du jedem, der dir begegnet, ausführlich von deinem Vorhaben berichtest, vergeudest du Zeit. Angenommen, du willst in der Solarbranche aktiv werden. Dann besuche eine entsprechende Messe oder ein anderes Event der Branche. Dort findest du Menschen, die die nötige Kompetenz und Expertise mitbringen.

## DEIN GLÜCK BRAUCHT ETWAS NACHHILFE

Nicht nur beim gezielten Austausch solltest du offen über deine Ideen und Pläne reden, sondern auch bei anderen passenden Gelegenheiten. Denn nur wenn du über dein Vorhaben sprichst, hat das Glück eine Chance, dich zu finden. Das klingt jetzt etwas kitschig, ich weiß. Was ich damit meine: Um durch glücklichen Zufall eine interessierte Investorin oder einen möglichen Mitgründer zu treffen, musst du dem Glück schon etwas nachhelfen. Erzähle von deiner Idee und mache sie so für andere sichtbar.

Sichtbarkeit erhöht deine Chancen, zu Pitches eingeladen zu werden. Man spricht von dir in der Szene, potenzielle Mitstreiterinnen und Mitstreiter werden auf dich aufmerksam, bewerben sich im Idealfall um einen Job. Für das Recruiting ist Sichtbarkeit unabdingbar.

## DIE GRÜNDUNG

Und was ist mit dem Ideenklau durch Konkurrenten, wirst du jetzt vielleicht fragen. Entspanne dich in dieser Hinsicht. Zunächst einmal ist es so, dass kein Mangel an Ideen herrscht. Wenn du dich in der Start-up-Szene umhörst, schwirrt die Luft nur so voller Ideen, für die der Beweis fehlt, ob sie überhaupt funktionieren. Es ist daher sehr unwahrscheinlich, dass jemand am Nebentisch spitze Ohren bekommt und dir deine Idee wegschnappt. In der Regel sind nämlich all die Menschen, die in der Lage wären, deine Idee umzusetzen, viel zu sehr in ihre eigenen Ideen verliebt. Sie würden deine Idee eher kleinreden, als sie unter eigenem Namen großzumachen.

Falls deine Idee wirklich so attraktiv sein sollte, dass ein großer Player sie kopieren könnte: Am wahrscheinlichsten ist es, dass du ein Kaufangebot erhalten wirst, sobald dein Start-up etabliert ist und sich die Idee als großer Erfolg erweist. So ersparen sich die Großen mögliche Rechtsstreitereien und sichern sich zugleich das nötige Personal. YouTube zum Beispiel wurde von Google aufgekauft, nachdem der Konzern mit der Umsetzung für eine eigene Videoplattform mangels Entwicklungsgeschwindigkeit gescheitert war.

## OFFEN UND KOMMUNIKATIV SEIN, NICHT STILL UND KONSPIRATIV

- Sorge für Sichtbarkeit, indem du in den passenden Foren und Netzwerken über deine Idee sprichst.
- Hole dir Input von den besten Expertinnen und Experten in deiner Branche. Stelle ihnen dein Vorhaben detailliert vor, nur so kriegst du wertvolle Tipps.
- Sichere dir durch zielgerichtetes Vorgehen einen relativ hohen Vorsprung, den der Wettbewerb praktisch nur durch ein Kaufangebot aushebeln könnte.

## 1.4 AUS DER NISCHE HERAUSWACHSEN: WARUM DU IMMER DEN GANZEN KUCHEN IM BLICK HABEN SOLLTEST

Charlotte hat es mit Zahlen. In Mathe war sie immer gut, und seit sie das Programmieren gelernt hat, entwickelt sie Anwendungen für sich selbst. Eine eigene Steuersoftware zum Beispiel, die viel einfacher ist als die Anwendungen, die es auf dem Markt gibt. Trotzdem ging sie nach dem Studium nicht in die Selbstständigkeit, sonders ins Consulting. Ist schon sicherer, sagte sie sich damals, und sie hatte ja noch viel zu lernen. Also schlug sie sich mit Firmenbilanzen herum, optimierte Buchhaltungsprozesse, half mit, die Unternehmensergebnisse zu steigern, wie man so schön sagt.

Glücklich machte sie das nicht. Doch sie hatte eine Menge gelernt über das, was Unternehmen wirklich brauchen könnten: eine geniale Buchhaltungssoftware ohne die üblichen Bugs und Kosten. Viel schlanker angelegt und leichter bedienbar als die vorherrschenden Anwendungen. Sie hatte auch schon eine Idee, wer diese Software entwickeln würde: sie selbst natürlich.

Ihr Businessplan stand nach wenigen Tagen. Schnell fand sie auch drei Mitstreiterinnen. Vier Frauen rollen den Markt auf, was für eine Story. Ihre Strategie sah so aus: Wir starten nicht mit einer eigenen Software, sondern mit Consulting-Leistungen für Unternehmen, die Probleme mit ihrer Buchhaltungssoftware haben. Dann bauen wir unser Geschäft schrittweise aus. Ein superkluger Ratgeber aus der Szene nannte das »aus der Nische heraus die Welt erobern«, was für die Gründerinnen sehr überzeugend klang. Sollten sie sich etwa direkt mit den Großen im Markt anlegen? Da erschien es smarter, erst einmal in einem Bereich Fuß zu fassen, um das Business danach nachhaltig auszuweiten.

**DIE GRÜNDUNG**

Sprung in die Gegenwart. Drei Jahre ist es her, dass Charlotte und ihre Co-Gründerinnen gestartet sind. Das Consulting-Geschäft floriert. Doch irgendwie geht es nicht voran, die Firma wächst nicht. Von einer Softwareentwicklung sind sie noch meilenweit entfernt, stattdessen rackern sie sich in Beratungsprojekten ab. Charlotte fragt sich, wo sie bitteschön die Ressourcen hernehmen solle, um in andere Bereiche vorzustoßen. Sie bräuchte viel mehr Kapital, mehr Personal, mehr Zeit. Schon jetzt schlägt sie sich oft die Nächte um die Ohren. Wie soll das erst werden, wenn sie in die Produktentwicklung vorstoßen wollen? Wie und wann soll sie das nötige Kapital auftreiben? Manchmal fühlt sie sich wie in einem Horrorfilm: *Nightmare on Start-up Street*. Auf ewig gefangen in der Nische.

## WAS HIER SCHIEFLÄUFT: EINE FALSCHE STRATEGIE VERHINDERT DAS WEITERE WACHSTUM

Charlottes Ziel, mit ihrem Start-up eine führende Marke im Bereich Buchhaltungssoftware zu werden, bleibt wohl ein Traum. Aus der Nische herauswachsen zu wollen, ist eine waghalsige Strategie. In den wenigsten Fällen gelingt es Start-ups, ihr Geschäft aus einem Submarkt heraus in den Gesamtmarkt zu erweitern. Hier sitzen viele Gründer und Gründerinnen einem Irrglauben auf. Sie meinen, einen absolut logischen strategischen Pfad zu verfolgen, wenn sie sich vornehmen, einen Bereich des Marktes nach dem anderen zu erobern. Quasi so, wie Jeff Bezos das mit Amazon gemacht hatte. Er fing mit Buchversand an und dehnte sein Geschäft dann auf andere Segmente aus. Heute liefert Amazon so ziemlich alles, was man sich vorstellen kann.

Doch was unterscheidet Bezos von Gründerinnen wie Charlotte? Die Erträge des Startsegments waren bereits groß genug, um

## DON'T FAIL

in weiteres Wachstum zu investieren. Dazu wurde über den Bücherversand eine Marke und Infrastruktur aufgebaut, von denen der Vertrieb weiterer Produkte profitierte. Diese optimale Konstellation von Synergien ist kein Zufall und muss sorgfältig durchdacht werden. Vor allem aber hat er bereits in den Neunzigerjahren angefangen, damals sah die Welt des Onlineshoppings noch anders aus.

Heutzutage würde es nicht mehr reichen, zaghaft in einem Segment zu beginnen, um dann irgendwann in der Zukunft das große Ziel zu erreichen. Nehmen wir den Modehandel. Unternehmen wie Zalando haben ihr Geschäft relativ schnell ausgebaut, beschleunigt durch viel Kapital.

Wer sich das nicht zutraut, wer lieber denkt, dass er statt der dicken Nuss erst einmal mit einer kleinen Nuss anfangen sollte, weil die sich leichter knabbern lässt, wird scheitern. Oder sein Ziel zumindest nur mühsam und über langwierige und kostspielige Umwege erreichen.

Mir fallen jedenfalls kaum Präzedenzfälle im deutschsprachigen Raum ein, bei denen die Aus-der-Nische-heraus-wachsen-Strategie tatsächlich geklappt hätte. Abgesehen von Amazon gibt es international noch den allseits bekannten Fall Tesla. Elon Musk schaffte den Durchbruch, indem er in einer Nische des Automobilmarkts begann: mit dem Sportwagen Tesla Roadster. Erst als er hiermit erfolgreich war, gelang der Sprung in den Mainstream, sprich in das Hauptsegment der Mittelklassewagen. Doch auch hier sind die Dimensionen zu beachten. Musk konnte sehr viel Kapital organisieren und investieren, ohne einen direkten Profit zu erwirtschaften.

In Normalfall endet ein Start-up, das in der Nische startet, als Anbieter eines Spezialprodukts respektive einer spezialisierten Dienstleistung. Keine Frage, auch so kann man Erfolg haben und glücklich sein. Falls das eigentliche Ziel aber etwas viel Größeres war, werden sich Frust und Enttäuschung breitmachen.

**DIE GRÜNDUNG**

Nicht zu vergessen: Jeder Gründer, jede Gründerin verfügt nur über ein bestimmtes Maß an Zeit und Energie. Investiert er oder sie alles in den Aufbau und die Weiterentwicklung des Nischengeschäfts, fehlt die Kraft für die weiteren Schritte. Gerade dieser Punkt wird oft unterschätzt.

## SO MACHST DU ES RICHTIG: VON ANFANG AN GROSS GENUG DENKEN

Damit wir uns nicht falsch verstehen: Eine Nischenstrategie ist an sich kein Fehler. Ganz im Gegenteil. Wir hatten das Thema ja bereits. Nur solltest du dich dann eben auch so aufstellen, dass du in dieser Nische wachsen und das Potenzial ausschöpfen kannst. Du baust dein Business nach und nach aus, machst dir einen Namen, wirst in der Nische ein wichtiger Player. Nicht mehr, aber auch nicht weniger.

Anders ist der Fall gelagert, wenn du vorhast, den Hauptmarkt zu erobern. Dann solltest du von Beginn an so groß denken, wie es deinem Vorhaben entspricht. Du musst dir bewusst werden, dass du eine hohe Investitionssumme brauchst. Unmöglich für eine Anfängerin, einen Anfänger? Wenn deine Idee und dein Businessplan überzeugend sind und gute Aussichten auf Erfolg versprechen, kann es dir gelingen, selbst sehr hohe Summen zu organisieren. Vielleicht nicht direkt mit Gründung deines Start-ups, aber dann, wenn die ersten Schritte gelungen sind und du greifbare Ergebnisse vorweisen kannst.

## EXPERIMENTIEREN KANN ZUM ERFOLG FÜHREN

Du nimmst also von Anfang an den Hauptmarkt ins Visier und überlegst dir genau, was nötig ist, um dieses Ziel zu erreichen. Wie sehen die Schritte dahin aus? Wie viel Kapital benötigst du? Welche Investoren kommen infrage? Wie gewinnst du sie für dich oder welche Erfolgsbeweise würden sie überzeugen?

Es kann durchaus sinnvoll sein, in der Nische Experimente durchzuführen, welche die Tragfähigkeit deiner Idee für den Hauptmarkt belegen. So ähnlich ist Elon Musk auch vorgegangen. In dieser Hinsicht mag er ein gutes Vorbild sein. Doch Vorsicht: Nicht zu Unrecht gilt er als Ausnahmeunternehmer. Ausnahme großgeschrieben!

Du solltest dich aber auf keinen Fall mit den Erfolgen in der Nische zufriedengeben. Think big. Eine sehr amerikanische Denkweise, die hierzulande gern belächelt wird. Doch sie ist der einzige Weg, um die dicke Nuss zu knacken.

## NIEMALS DAS EIGENTLICHE ZIEL AUS DEN AUGEN VERLIEREN

- Setze auf die richtige Wachstumsstrategie. Über den Submarkt den Hauptmarkt zu erobern, ist riskant und misslingt in den meisten Fällen.
- Starte mit ausreichenden Mitteln, das heißt unter anderem mit der nötigen Kapitaldeckung. Wenn deine Idee wirklich Potenzial hat, wirst du Investoren finden.
- Belege deine Kompetenz durch Teilerfolge im angestrebten Markt, um das nötige Vertrauen aufzubauen.

**DIE GRÜNDUNG**

# 1.5 ZU BLAUÄUGIG IN SACHEN CO-FOUNDER SEIN: WARUM IHR AUCH DIE TRENNUNG BEDENKEN SOLLTET

»Einer für alle, alle für einen.« – Das Motto der Musketiere hing in großen imaginären Leuchtbuchstaben über der Freundschaft von Mick, Pit, Sid und Kit. Wo sie doch so viel miteinander teilten, nicht nur die Vorliebe für amerikanisch klingende Spitznamen. Lasst uns vier Freunde sein, nicht einfach nur Geschäftspartnerinnen und -partner, schworen sie sich beim ersten Treffen.

Mick und Kit hatten sich auf Start-up-Events kennengelernt, Sid und Pit waren Bekannte der beiden und stießen später hinzu. Ihre Kompetenzen ergänzten sich ideal. Mick, der Programmierer, Kit, die Strategin, Sid, der Kommunikator, Pit, der Ingenieur.

Sie brauchten vor der Gründung nicht lange, um sich auf alle wichtigen Punkte zu einigen. Den Gesellschaftervertrag luden sie sich aus dem Internet herunter und gingen damit zum Notar. Das war's. Papierkram musste sein, sie wollten ihn aber nicht überbewerten. Und warum irgendwelchen »Rechtsverdrehern« Geld in den Rachen werfen, wenn sie alles unter sich, unter besten Freunden, aushandeln konnten?

Die ersten zwei Jahre vergingen wie im Fluge. Das Geschäft lief gut an, ein großer Investor stellte ihnen viel Geld in Aussicht, sie bauten ihr Team aus, zogen in ein größeres Büro, gewannen einen Award.

Dann, kurz vor Weihnachten, platzte die Bombe. Sid wollte aussteigen. Sich auch in anderen Feldern erproben, sich weiterentwickeln, seinen Träumen folgen. Mick, Kit und Pit hatten ihn immer für seine Schwärmereien belächelt. Trip zum Burning-Man-Festival, ganz andere Energie als hier, einfach mal paar Jahre durch die Welt reisen.

Als so verträumt erwies sich Sid in den nun folgenden Gesprächen gar nicht. Er zeigte eine knallhart realistische Seite. Gesellschafter wollte er schon bleiben. Aussteigen ja, aber mit Beteiligung am florierenden Start-up, das er schließlich mit zum Erfolg geführt hatte.

»Siegbert, ist das dein Ernst?«, brauste Kit auf. Siegbert war Sids echter Name. Es war also ernst.

Leider enthielt der Gesellschaftervertrag keine Regelung für den möglichen Ausstieg eines Gesellschafters. Sid konnte sich also aus der Unternehmensführung zurückziehen und trotzdem weiterhin seine Anteile am Unternehmen halten. Es sei denn …

Ein paar Tage später unterschrieben die vier in einem Anwaltsbüro eine Vereinbarung. Sid erhielt eine Abfindung und trat dafür seine Anteile ab. Die Höhe der Summe? Schmerzhaft hoch. Die finsteren Mienen Micks, Kits und Pits sprachen Bände.

## WAS HIER SCHIEFLÄUFT: NAIVITÄT IN DER VORBEREITUNGSPHASE RÄCHT SICH BITTER

Mick, Pit, Sid und Kit haben es so wie viele andere Gründerinnen und Gründer gemacht. Sie haben sich blind auf den Bestand ihrer Freundschaft verlassen und die rosarote Brille aufgesetzt. Anstatt auch mögliche negative Szenarien zu durchdenken, sind sie vom bestmöglichen Fall ausgegangen: Weil sie Freunde waren, würden sie sich auch freundschaftlich einigen, falls mal etwas Unvorhergesehenes passieren sollte.

»Unvorhergesehenes« ist aber nicht die Ausnahme, sondern die Regel im Start-up-Alltag. Pläne und Geschäftsmodelle ändern sich, unterschiedliche Vorstellungen der Beteiligten treten zutage, es gibt Konflikte und Enttäuschungen. Plötzlich fühlt sich einer der Gründer überflüssig, weil seine Qualifikation nicht mehr

## DIE GRÜNDUNG

benötigt wird. Oder eine Gründerin kann sich nicht mit der Neuausrichtung des Geschäfts identifizieren und sucht nach einem Ausweg. Schön wäre es, wenn man das alles unter Freunden regeln könnte.

In solchen Situationen rücken auf einmal zuvor wenig beachtete Aspekte wie der Gesellschaftervertrag in den Mittelpunkt. Wie ist das eigentlich, wenn einer von uns aussteigen will? Welche Rechte und Verpflichtungen hat der oder die Einzelne? Fragen über Fragen, die Unsicherheit schaffen. Die Antworten können sehr ernüchternd sein, so wie in unserem Beispiel.

Im besten Falle enthält der Gesellschaftervertrag eine sogenannte Vesting-Klausel. Sie sieht vor, dass die Person, die aus dem Vertrag aussteigt, über einen Zeitraum von drei Jahren ihre Anteile verliert. Eine Entschädigung erhält sie nicht.

Im schlechtesten Falle ist keinerlei Ausstiegsregelung eingebaut. Dann hat die Person, die aussteigt, alle Karten in der Hand. Sie kann die anderen Gesellschafterinnen und Gesellschafter quasi erpressen. Ohne einen Handschlag zu tun, ist sie weiterhin am Unternehmenserfolg beteiligt. Eine verrückte Situation, die die Verbleibenden hochgradig frustrieren und demotivieren kann.

Ein Start-up zu gründen, ist eben etwas anderes als die Gründung einer Amateur-Musikband. Es geht um ein Business, also um Geld, Verantwortung, Strategie, Risiko, Planung. Freundschaftliche Bande und rein informelle Vereinbarungen reichen hier nicht aus. Denn wie bei privaten Beziehungen kann aus Freundschaft plötzlich Gegnerschaft werden, Vertrauen wird missbraucht, Absprachen werden gebrochen. Oder man kennt sich einfach nicht so gut, wie man vielleicht dachte. Für den einen ist ein Start-up die Lebensaufgabe, für die andere nur eine Übergangsphase in den nächsten Lebensabschnitt. Da kann der Wunsch, nach Australien zu ziehen oder eine Familie zu gründen auf einmal stärker sein als der Antrieb, eine weitere Finanzierungsrunde zu drehen oder das Team auf den allerneuesten Strategiewechsel einzustimmen.

Die Einsicht, dass auch glänzende menschliche Beziehungen zu den Co-Foundern eine belastbare Grundlage brauchen, mag ernüchternd sein. Sie ist dennoch notwendig. Sonst könnte das Erwachen umso böser sein.

## SO MACHST DU ES RICHTIG: VERTRAUEN BRAUCHT VERTRAGLICHES

Nein, ihr müsst nicht jede Kleinigkeit von einer Anwältin schriftlich fixieren lassen. Doch die wesentlichen Punkte eurer Zusammenarbeit als Gründerteam sollten vertraglich geregelt sein. Das ist nicht pures Misstrauen, sondern professioneller Standard.

Ein solider Gesellschaftervertrag sollte ein Vesting vorsehen, also den schrittweisen Verfall der Anteile eines Gesellschafters, der das Unternehmen verlassen hat. Ansonsten machen sich die verbleibenden Gesellschafter und Gesellschafterinnen erpressbar.

Das Vesting kommt zustande, indem ihr die Gesellschafteranteile an die Erfüllung eines Arbeitsvertrags (häufig ein Geschäftsführer-Anstellungsvertrag) koppelt. Wird das Arbeitsverhältnis aufgelöst, verfallen die Anteile automatisch. Es sind natürlich auch Fälle vorstellbar, in denen eine solche Regelung unfair ist, wie zum Beispiel, wenn das Arbeitsverhältnis beendet wird, weil eine andere Form der Beschäftigung im Unternehmen gewählt wird. Für solche Fälle könnt ihr aber, sobald es dazu kommt, einvernehmliche Sonderregelungen treffen. In jedem Fall wird so verhindert, dass ein ausscheidender Founder immer noch Anteilseigner bleibt und dadurch eine enorm starke Verhandlungsposition erhält.

## DIE GRÜNDUNG

## OHNE ROSAROTE BRILLE MÖGLICHE SZENARIEN DURCHSPIELEN

Ich weiß, dass es gerade in der Anfangseuphorie schwer ist, sich mit unerfreulichen Szenarien auseinanderzusetzen. Dennoch sollten du und deine Mitgründer und -gründerinnen Zeit dafür aufwenden. Setzt euch zusammen und spielt mögliche Ereignisse durch. Ohne rosarote Brille, versteht sich. Was könnte alles passieren? Seid ihr darauf vorbereitet und wie würdet ihr reagieren? Was erwartet ihr voneinander? Auf Basis eurer Überlegungen könnt ihr dann entsprechende Klauseln in den Gesellschaftervertrag aufnehmen oder einen bestehenden Vertrag ändern lassen.

Ihr könnt natürlich auch für rein mündliche Vereinbarungen entscheiden. Falls euch schriftliche Regelungen widerstreben, ist das ein gangbarer Weg. Seid euch dann aber auch absolut sicher, dass sich jeder von euch an diese Absprachen halten wird. Kennt ihr euch dermaßen gut? Ganz sicher? Mit dem Risiko einer Enttäuschung müsst ihr dann jedoch leben.

## BÖSE ÜBERRASCHUNGEN VERMEIDEN DURCH GUTE ABSICHERUNG

- Seid euch bewusst: In Gründerteams kann es wie in privaten Beziehungen zu unvorhergesehenen Spannungen und Konflikten kommen, die gelöst werden müssen.
- Überlegt, welche Entwicklungen eure Beziehungen zueinander belasten könnten und wie die Konsequenzen aussähen.
- Sichert die wahrscheinlichsten Ausstiegs- oder Trennungsszenarien vertraglich ab. Trefft notfalls mündliche Vereinbarungen.

**DON'T FAIL**

# 1.6 ZU VIEL ZEIT AUF DEN BUSINESSPLAN VERSCHWENDEN: WARUM DU DICH BESSER KURZFASSEN SOLLTEST

»Ein Businessplan ist das A und O, wenn du ein Start-up gründen willst. Er ist dein Masterplan für alles, was kommt. Stecke jede Menge Sorgfalt hinein. Feile an jeder Formulierung. Mache ihn zu deinem Meisterstück.« – Glaubenssätze wie diese hatten meine Mitgründer und ich im Kopf, als wir unser erstes Start-up gründen wollten: Inreal, einen Anbieter für Virtual-Reality-Hardware für Games.

Also entwickelten wir einen Entwurf, schickten ihn an alle möglichen Menschen, die sich mit Businessplänen auskannten, und arbeiteten das umfassende Feedback dann ein. Das bedeutete unzählige Überarbeitungsschleifen, die uns viel Zeit und Nerven kosteten. Der Vorteil war natürlich, dass wir zu echten Businessplan-Experten mutierten. Doch sollte das wirklich unsere Bestimmung sein? War es nicht eher unser Job, ein funktionierendes Business aufzubauen?

Unser Businessplan sah vor, dass wir einen technischen Durchbruch erzielen würden. Reines Wunschdenken aus heutiger Sicht. Denn leider folgte die Realität nicht ganz unserem Plan A: Einige Monate nach Inreals gelungenem Start (ja, dank unseres ausgefeilten Businessplans hatten wir zumindest etwas Kapital zusammenbekommen) wurde uns klar, dass wir den erhofften technischen Durchbruch nicht erzielen würden. Wir mussten unser Geschäftsmodell ändern. Bye-bye, Plan A. Willkommen, Plan B! Nur hatten wir den leider nicht im Businessplan vorgesehen. Ebenso wenig wie einen Plan C oder D.

Inreal entwickelte sich in eine ganz andere Richtung als geplant. Aus dem erträumten Unternehmen, das Virtual-Reality-Gaming auf eine neue Ebene hebt, wurde ein Lösungsanbieter für digitale Immobilienvermarktung. Wer nur den Businessplan gelesen hätte, hätte das Start-up ein Jahr nach seiner Gründung nicht wiedererkannt und sich gewundert, was hier wohl passiert war.

## WAS HIER SCHIEFLÄUFT: PERFEKTIONSWAHN LENKT VON DEN KOMMENDEN HERAUSFORDERUNGEN AB

Ein Businessplan ist in erster Linie ein Plan. So wie eine Landkarte in erster Linie eine Karte ist, nicht die Landschaft selbst. Pläne können sich ändern, und im Falle von geschäftlichen Plänen tun sie das in der Regel.

Diese Einsichten sollte man beim Verfassen des Businessplans vor Augen haben. Nehmen wir das Inreal-Beispiel: Meine Mitgründer und ich haben uns in einen Überarbeitungswahn hineingesteigert, wollten alles richtig machen, den perfekten Plan entwerfen. Im Prinzip haben wir einen idealen Verlauf der Geschäftsentwicklung skizziert. Eine tolle Story, in der alles so eintrat, wie von den Akteuren erhofft. Der technische Durchbruch erfolgte genau zum richtigen Zeitpunkt. Der Markt entwickelte sich exakt so wie prognostiziert.

Warum wir uns so enorm optimistisch gaben? Weil wir zum einen überzeugt waren, dass Investoren und Investorinnen genau solch eine geradlinige Erfolgsstory lesen wollten. Zum anderen entfaltete die ganze Sache eine fast schon hypnotische Sogwirkung. Wir konnten uns in unseren Masterplan vertiefen und alles andere um uns herum ausblenden.

Aus einer Unmenge an Marktdaten filterten wir die heraus, die uns am besten in den Kram passten. Wir schmiedeten einen stählernen, kugelsicheren Plan A, der keinerlei Alternativen zuließ.

Die allermeisten Entwicklungen sind jedoch nicht vorhersehbar. Planbar ist höchstens, dass man auf ungeplante Ereignisse wird reagieren müssen.

Eine Woche nach dem Start sind die meisten Businesspläne »für die Tonne«, also von der Realität überholt und ein Fall fürs Unternehmensarchiv. Das mag jetzt hart klingen, doch die meisten Gründerinnen und Gründer werden es sicher bestätigen können.

Der Realitätsschock erdrosselt so manchen Gründertraum. Was in der Theorie des Businessplans als hindernisfreier Wanderweg angelegt war, erweist sich nun als steiniger Pfad voller Komplikationen. Spätestens jetzt wird so mancher Gründerin, manchem Gründer bewusst, dass sie viel zu viel Mühen in die theoretische Planung gesteckt haben. Vergeudete Zeit, die man sinnvoller hätte einsetzen können, zum Beispiel für einen schnelleren Geschäftsstart.

## SO MACHST DU ES RICHTIG: KONZENTRATION AUF DAS WESENTLICHE

Ich will dir hier nicht erzählen, wie du den perfekten Businessplan schreibst. Zu diesem Thema gibt es zahlreiche Ratgeberbücher, Onlinekurse und andere Hilfen. Ich will dir vielmehr ein paar Tipps geben, wie du den Zeitaufwand in Grenzen hältst.

Generell rate ich dir, einen relativ kompakten Businessplan zu verfassen. Kein dickes Handbuch, das man auch als Türstopper verwenden könnte. Versuche dich auf PowerPoint-Folien so kurz wie möglich zu fassen. Einerseits ist das schneller zu lesen (Investorinnen und Investoren haben wenig Zeit und lieben es knackig!) und andererseits ermöglicht es dir, leichter Änderungen vorzunehmen.

Abgesehen von der Länge kommt es natürlich auf den Inhalt an. Einen geradlinigen strategischen Weg zu skizzieren, der von

## DIE GRÜNDUNG

A nach B führt, mag verführerisch klingen. Erweckt er doch den Anschein, dass du total selbstbewusst bist und deine Idee unschlagbar gut. Wie bereits beschrieben ist das aber ein allzu optimistisches und unrealistisches Vorgehen. Besser wäre es, wenn du auch alternative Szenarien durchdenkst und darstellst: Was tun wir, falls der für den Zeitpunkt X erwartete Durchbruch ausbleibt?

Zugegeben, nicht bei jedem Aspekt wirst du eine Fülle an Alternativen aufzeigen können, frei nach dem Motto »Ach, da schauen wir mal, wie es läuft«. Bei Fragen wie »Auf welchem Weg findet die Kundengewinnung statt?« lesen Investoren gerne konkrete Antworten. Diese solltest du ihnen liefern, selbst wenn du ahnst, dass du später verschiedenste Wege ausprobieren wirst.

Dann gibt es noch die lästigen Pflichtteile, wie ich sie nenne. Die Biografien der Gründerinnen und Gründer zum Beispiel. Was wird um diesen Punkt oft für ein Wind gemacht. Jedes Quäntchen an Erfahrung wird zum Beleg für unternehmerisches Talent aufgebauscht. Schülerpraktikum im Einzelhandel? Hat schon früh den Fokus auf die B2C-Ebene gelegt!

## BITTE NICHT PERFEKT SEIN

Spare dir die Mühe, dein Leben in eine Art Bill-Gates-Story umzuschreiben. Wenn du wenig Erfahrung hast, spricht das nicht gegen dich. Führe einfach die wichtigsten Infos über dich auf, das war's.

Auch bei den Überarbeitungen des Businessplans solltest du ein vernünftiges Maß nicht überschreiten. Es kann passieren, dass du mit jedem Feedback neue Ergänzungsvorschläge bekommst. Hier noch etwas zu diesem Punkt schreiben, dort noch etwas detaillierter ausführen und so weiter Das frisst Zeit ohne Ende. Du verrennst dich im Kleinteiligen, willst es jedem recht machen. Frage dich also immer: Bringt dieser neue Aspekt, dieses Detail, diese Ergänzung uns/mich wirklich weiter? Oder geht es nur noch darum, einen *wirklich guten* Businessplan zu einem *perfekten* Businessplan zu machen? Perfektionismus muss man sich leisten können. Er kostet so viel deiner Zeit und hält dich von anderen wichtigen Aufgaben ab. Möchtest du dir das tatsächlich antun?

Stattdessen solltest du die Zeit verwenden, um aus Fakten zu schaffen. Erste Umsätze von Zielkunden sind überzeugender als jede Hochrechnung von angeblichen Marktanteilen theoretischer Kunden. Wenn du jetzt noch beweisen kannst, dass du reproduzierbar zu annehmbaren Kosten weitere Kunden gewinnen kannst, kannst du einen echten Prototyp deines Geschäftsmodells vorweisen. Das sollte dir wichtig sein, da es eine viel höhere Firmenbewertung rechtfertigt und du dadurch weniger Anteile für die gleiche Geldsumme abgeben musst.

## DIE PLANUNG AUF DAS NÖTIGSTE BESCHRÄNKEN

- Betrachte den Businessplan als eine strategische Skizze, die in der Realität oft schnell überholt sein wird.
- Verabschiede dich von der Illusion, die Zukunft planen zu können. Denke in alternativen Szenarien und sei nur dort verbindlich, wo es unbedingt sein muss.
- Wende nicht mehr Zeit und Kraft auf, als es für einen überzeugenden Entwurf nötig ist. Perfektionismus raubt dir die Energie für andere wichtige Vorbereitungen.

**DIE GRÜNDUNG**

# 1.7 AWARDS UND MEDIENECHO ALS ERFOLGSINDIKATOREN SEHEN: WARUM DU LIEBER MIT DEINER ARBEIT GLÄNZEN SOLLTEST

»And the winner is ...« – Wie oft haben Ben und Max diesen Satz schon gehört. Jedes Mal ein ähnlicher Ablauf. Eröffnungsrede von Person X, deren Organisation den Award verleiht. Meistens ist das ein Verband, ein Unternehmen oder eine öffentliche Institution. Dann folgt eine Keynote von Person Y. Falls der Veranstalter sich das leisten kann, ist es jemand sehr Bekanntes aus der Start-up-Welt. Falls nicht, spricht ein Politiker, der für seine Agenda noch etwas Start-up-Glaubwürdigkeit braucht.

Die Location ist der fensterlose Konferenzsaal eines Mittelklassehotels am Rande der Innenstadt, oft noch mit Teppichboden im Design der Achtzigerjahre, oder eine schmucke Stadthalle irgendwo im süddeutschen Wohlstandsgürtel, mit naturbelassener Holzfassade und autarker Stromversorgung.

Nach den Reden werden die Nominierten vorgestellt. Das kann in Form von Videoclips sein oder durch Kurzvorträge der Gründerinnen und Gründer.

Den Höhepunkt bildet die mehr oder minder spannende Preisvergabe. Zum Teil sind die Namen der Glücklichen bereits vorher bekanntgegeben worden. Zum Teil sind sie versehentlich durchgesickert (»Wir würden Ihnen gerne einen Award verleihen, posaunen Sie es aber bitte noch nicht herum.«).

Sieben Award-Trophäen stehen bei Ben und Max mittlerweile im Regal. Ihr Start-up Benomax (Nomen est omen) gilt in der Szene und darüber hinaus als »hot shit«. Zumindest hören sie das von

»Ein Start-up zu gründen, ist eben etwas anderes als die Gründung einer Amateur-Musikband.«

## DIE GRÜNDUNG

allen Seiten. Und man las es neulich erst wieder in der *Süddeutschen Zeitung*.

Innovativer Ansatz. Riesiges Potenzial. Auf Augenhöhe mit den großen US-Vorbildern. Kurz vor dem Sprung nach Asien. Mehr Entrepreneure wie diese bitte. Sogar Markus Lanz hat Ben und Max schon in seine Sendung eingeladen. Doch sie mussten absagen. Termin beim Ministerpräsidenten.

Ab und zu, wenn sie Zeit dafür finden, setzen sich die beiden Gründer mit ihrem Team zusammen. Sie haben dann immer viel zu berichten und müssen neugierige Fragen beantworten. Wie war es denn bei der Ministerin? Seid ihr wirklich mit dem Privatjet dieses Oligarchen geflogen?

Das sind immer schöne Momente, in denen sie richtig stolz auf das sind, was sie geschaffen haben. Nur Irenes Kommentare stören sie etwas. Irene ist die Vertriebsleiterin und eine echte Spaßbremse: Verkaufszahlen bleiben weiterhin mickrig, Kunden halten sich zurück, wir kommen nicht voran.

Max bringen solche negativen Schwingungen auf die Palme. Jetzt halt mal die Luft an. Zahlen sind nicht alles. Hier geht es um die Vision. Wenn alle so denken würden. Dann hätten wir kein Apple, kein SAP, kein Netflix. Ben schweigt meistens. Bis zum Jahresende reichen ihre Mittel noch. Aber was dann?

## WAS HIER SCHIEFLÄUFT: GROSSE BESTÄTIGUNG VON AUSSEN WIRD MIT MESSBAREN ERFOLGSNACHWEISEN VERWECHSELT

Ben und Max sind auch nur Menschen. Natürlich dürfen sie sich über Preise und eine gute Berichterstattung freuen. Doch sollte das nicht dazu führen, dass sie die echten Ergebnisse ihrer Arbeit aus den Augen verlieren: wie die Verkaufszahlen.

## DON'T FAIL

Gründerpreise gibt es landauf, landab in großer Zahl. Es reizt natürlich, sich für einen dieser Awards zu bewerben und dann eventuell auch ausgezeichnet zu werden. Immerhin verschafft das jeder Neugründung einen Aufmerksamkeitsschub. Den Gewinn eines Awards kann man mittels Blogposts und Pressemitteilungen kommunizieren. Man erhält Intervieweinladungen, taucht in Berichten über die Start-up-Szene auf, wird zu angesagten Events eingeladen.

Außerdem erlebt die Gründerin, der Gründer einen Kick fürs Selbstbewusstsein. Nach teils jahrelanger Arbeit im stillen Kämmerlein endlich die Bestätigung, ein öffentliches Schulterklopfen und eine Trophäe, die man Eltern und Freunden präsentieren kann. Schaut her, ich habe es geschafft!

Schnell passiert es dann, dass der Erfolg im Award-Wettbewerb mit dem Erfolg im realen Marktwettbewerb verwechselt wird.

Die Gründerinnen und Gründer lesen so viel über das vermeintlich gewaltige Potenzial ihrer Businessidee, dass sie den Erfolg für unausweichlich halten. Obwohl sie praktisch noch in der Garage hocken, fühlen sie sich schon wie im dreißigsten Stock mit Blick auf die Skyline.

Mitunter wird das positive mediale Echo auch noch durch waghalsige PR-Meldungen befeuert. Es werden Ankündigungen gemacht, die niemals eingehalten werden können. Zum Beispiel die geplante Entwicklung eines supereffizienten Flugzeugtriebwerks, das keinerlei Emissionen verursacht. Durch ein solches PR-Feuerwerk kommt man in die Medien, vielleicht sogar noch an Investorenkapital. Doch allzu oft macht hier das Trinken von Salzwasser (in Form von Investorengeld) noch durstiger: Das Investorengeld wird zur Verpflichtung für eine noch größere Story, um die nächste Runde zu rechtfertigen.

Denn auch wenn mancher Tech-Konzern mit ähnlichen PR-Methoden arbeitet, heißt das noch lange nicht, dass ein aufstreben-

**DIE GRÜNDUNG**

des Start-up mit ihnen die erwünschten Effekte erzielt. Sichtbarkeit ist kein Garant für sicheres Geschäft.

## SO MACHST DU ES RICHTIG: KLARE VORSTELLUNG VOM ERFOLG

Der Erfolg deines Start-ups zeigt sich nicht an der Zahl der Preise, die du gewinnst. Nicht an der Menge der Medienberichte, in denen dein Name vorkommt. Nicht an der Länge der E-Mail-Liste mit Einladungen zu VIP-Events.

Er zeigt sich ganz allein an nackten Zahlen und dem Feedback deiner Kundinnen und Kunden.

Solltest du deshalb an Award-Ausschreibungen erst gar nicht teilnehmen? Wenn überhaupt, dann bewirb dich nur bei denen, die ein hohes Renommee besitzen und gut dotiert sind. Viele Preise haben nämlich keinen besonders hohen PR-Effekt, über sie wird maximal in der Lokalzeitung berichtet. Auch die Preisgelder sind oftmals eher bescheiden, zum Teil gibt es nicht einmal eine Geldprämie. Sobald es um Beträge eines Jahreslohns oder höher geht, ist eine Teilnahme natürlich lohnender.

Rechne immer gegen, wie viel Zeit du investieren musst. Die Teilnahme an Awards zählt aus meiner Sicht zu den größten Ablenkungen, denen Start-up-Gründerinnen und -Gründer ausgesetzt sind. Wer emsig Ausschreibungsunterlagen ausfüllt und womöglich noch spezielle Wettbewerbsprojekte durchführen muss, findet weniger Zeit für seine eigentliche Arbeit im Start-up.

Welche Erwartungen verbinden sich mit Gründerpreisen? Und was bringen diese tatsächlich? Siehe hierzu Abbildung 2.

**DON'T FAIL**

| ERWARTUNG | Was Es wirklich bringt |
|---|---|
| **WEITREICHENDE PRESSEERWÄHNUNGEN** | • SELTEN SICHTBAR IN DEINER ZIELGRUPPE<br>• SCHWERE DIFFERENZIERBARKEIT DURCH STARKES GRUNDRAUSCHEN IN DER START-UP-SZENE |
| **LUKRATIVES PREISGELD** | • FALLS IM VERNÜNFTIGEN VERHÄLTNIS ZUM AUFWAND DER BEWERBUNG UND PREISVERLEIHUNG<br>• IN KONKURRENZ ZU INVESTORENGELDERN ODER STAATLICHEN FÖRDERUNGEN |
| **GESTEIGERTE GLAUBWÜRDIGKEIT** | • GEGENÜBER INVESTOREN DURCHAUS BEOBACHTBAR<br>• NUTZT NUR GEZIELT VOR EINER FINANZIERUNGSRUNDE, DA AKTUALITÄT RELEVANT IST |
| **ERHÖHTER TEAMSPIRIT** | • VORHANDEN, ABER FALSCHE INTERNE ZIELSETZUNG<br>• BESSER WÄRE, ZUFRIEDENE KUNDEN IN DEN MITTELPUNKT ZU STELLEN |

Abb. 2: Möglicher Nutzen von Gründerpreisen

## DIE GRÜNDUNG

# WIE SICH ERFOLG WIRKLICH ANFÜHLT

Du brauchst eine klare Vorstellung davon, was deinen Erfolg wirklich ausmacht. Wenn du im Start-up-Business gerade anfängst, hast du diese meistens noch nicht. Deshalb bist du umso erfreuter, wenn dir jemand einen Preis in die Hand drückt und dir auf die Schulter klopft. Du wirst noch glücklicher, wenn positiv über dich und deine Arbeit berichtet wird. Du fühlst dich als echte Gründer-Personality, so wie Du-weißt-schon-wer oder Die-kennst-du-doch-auch.

Doch am Ende wirst du feststellen, dass das alles nur wenig mit dem tatsächlichen Erfolg deines Start-ups zu tun hat. Es gibt bekannte Beispiele von Gründern, die diese Einsicht nie gewonnen haben. Selbst als das Scheitern ihres Unternehmens offensichtlich war, hielten sie an dem Glauben an das »gigantische Potenzial« ihrer Idee fest und gaben anderen die Schuld. Unzählige Preise und euphorische Medienberichte konnten schließlich nicht lügen.

Selbst schuld, wenn man darauf hereinfällt.

## AM ERFOLG ARBEITEN, NICHT AN DER ILLUSION DESSEN

- Lasse dich durch Award-Ausschreibungen nicht vom Kern deiner Arbeit ablenken. Nimm nur an denen teil, die dir wirklich lohnenswert erscheinen. Im Zweifel verzichtest du lieber.
- Nutze PR nicht für die mediale Inszenierung von Scheinerfolgen, sondern kommuniziere zielgerichtet: Woran arbeitet ihr gerade? Welchen Mehrwert verspricht das?
- Reflektiere für dich selbst, was dir Erfolg bedeutet, woran du ihn misst, wie du ihn erleben möchtest.

**DON'T FAIL**

# 1.8 ZU KLEIN DENKEN: WARUM DU DEINE PLÄNE NICHT SCHRUMPFEN SOLLTEST

Geht's denn auch eine Nummer kleiner? – Auf diesen Spruch wartete Georg nur. Früher oder später kam er immer, in dieser oder einer anderen Form. Manchmal stand er seinem Gegenüber auch einfach nur ins Gesicht geschrieben. Ungläubiger Blick, so würde man diese Miene wohl in einem schlechten Roman beschreiben. Die Kurzversion des Spruchs könnte auch sein: Geht's noch?!

Georg hatte nämlich Großes vor. Zu Großes, wie die meisten Leuten meinten, denen er sein Vorhaben vorstellte. Seine engsten Freunde schüttelten den Kopf, wenn er von seinen Plänen erzählte. Jetzt hebst du völlig ab.

In den letzten Monaten hatte Georg ein feines Gespür dafür entwickelt, wie weit er gehen konnte, bis sein Gegenüber an diesen Kipppunkt geriet, an dem Neugierde und Begeisterung für sein Vorhaben in Verwunderung und Unglaube umschlugen.

Bei dem Business Angel, der vor ihm saß, würde es gleich so weit sein. Ein PowerPoint-Chart, ein paar Worte zur langfristigen Perspektive, ein selbstbewusstes Lächeln noch. Und es kam, wie es kommen musste. Der Business Angel, ein Endfünfziger im dunkelblauen Anzug, setzte diesen Geht-es-noch-Blick auf und griff zum Smartphone, um die Uber-Fahrt zum nächsten Termin zu buchen.

Georg nutzte die verbleibenden Minuten und bohrte nach. Wie müsste die Strategie denn aussehen, damit sie interessant wäre? Der Business Angel lehnte sich zurück und schüttelte den Kopf. Er wolle ja irgendwann sein Geld wiedersehen und nicht nur Georgs Größenwahn finanzieren. Er skizzierte auf seinem iPad, wie Georg vorgehen müsste, um schon in relativ kurzer Zeit in die Profitzone zu kommen. Wäre alles mit einem wesentlich kleineren Budget machbar. Realistisch sein. Spatz in der Hand statt Taube auf dem Dach. Mit diesem Prinzip hatte er sein Leben lang Erfolge erzielt.

Als der Business Angel gegangen war, hockte Georg noch lange im Konferenzraum und starrte aus dem Fenster. Vielleicht war da ja was dran. Besser kleiner denken, nicht größenwahnsinnig werden, greifbare Ziele anvisieren, schnell Rendite erwirtschaften.

Beim nächsten Treff mit Investoren würde er einen neuen Plan präsentieren. Er hatte es satt, ständig ausgelacht zu werden. Höchste Zeit, bescheidener zu werden. Wie er diesen Spruch hasste.

## WAS HIER SCHIEFLÄUFT: VORGEBLICHE BESCHEIDENHEIT FÜHRT ZU BESCHEIDENEN PLÄNEN

Think big. Dieser Gedanke löst bei vielen Menschen eher Aversionen als Ovationen aus. Ist das nicht eine furchtbar amerikanische Denkweise? Passt das in unsere Zeit, unsere Kultur? Wo kämen wir hin, wenn das alle so machen würden!

Selbst in der deutschen Start-up-Welt sind solche Reaktionen weit verbreitet. Groß zu denken, sei Größenwahn. Es rieche nach Turbokapitalismus, Ressourcenverschwendung, Egoismus und Gier. Nach allem also, womit man als Gründerin oder Gründer eher nicht in Verbindung gebracht werden möchte.

Lieber gibt man sich bescheiden: Wir möchten unser Geschäft behutsam und nachhaltig aufbauen. Wir können uns gut vorstellen, hier in Norddeutschland einmal eine wichtige Rolle zu spielen. Wir freuen uns über jeden Kunden, für den wir einen Unterschied machen. Irgendwie.

Bescheidenheit ist bei vielen potenziellen Kapitalgebern gern gesehen. Zumindest hier in Deutschland. Gilt sie doch als wichtige

## DON'T FAIL

Unternehmertugend. Der gesamte Mittelstand fußt praktisch auf der Vorstellung, dass eine bescheiden denkende und hart arbeitende Unternehmerpersönlichkeit nach und nach ein florierendes Geschäft aufbaut. Und tatsächlich gibt es viele, viele Beispiele für Unternehmen, die über die letzten Jahrzehnte so entstanden sind.

Boomende Tech-Unternehmen, die quasi von Null auf Hundert aufdrehen und in relativ kurzer Zeit eine marktbeherrschende Stellung aufbauen, passen eher nicht in diese Vorstellungswelt. Man kennt sie aus den USA oder China, hierzulande werden solche Geschäftsmodelle meistens skeptisch betrachtet. Die hinter solchen Unternehmen stehende große Vision (»die Welt besser machen« oder »kundenfreundlichstes Unternehmen werden«) belächelt man.

Dementsprechend schwer hat es jede Gründerin, die mit ihrem Start-up einen gesamten Markt erobern will. Sie stößt aber nicht nur auf Skepsis, sondern bei vielen Kapitelgebern auch auf mangelnde Ressourcen. Privatinvestoren zum Beispiel haben hierzulande oft ein eher überschaubares Budget. Ein- oder zweihunderttausend Euro mögen für eine bescheidene Wachstumsstrategie reichen. Für die Umsetzung großer ehrgeiziger Pläne braucht es aber viel mehr.

Was leider zu oft passiert: Gründerinnen und Gründer passen ihre Pläne an die Erwartungen und Budgets des durchschnittlichen deutschen Investorentyps an. Sie ändern ihr Vorgehen und lassen sich zu kurz- bis mittelfristig profitablen Strategien verleiten. Schön für die Kapitalgeber, die so schnell ihre Rendite einstreichen können. Schlecht aber für die Gründenden, die eigentlich viel mehr erreichen wollten. So wie Georg, der zähneknirschend klein beigeben will und das vermutlich noch bitter bereuen wird.

**DIE GRÜNDUNG**

# SO MACHST DU ES RICHTIG: GROSSES POTENZIAL IST GROSSARTIG

Warum klein denken, wenn es auch groß geht? Wenn du der Ansicht bist, dass deine Strategie großartige Aussichten hat, solltest du sie unbedingt groß umsetzen. Dafür brauchst du womöglich das große Geld. Das wirst du aber nur bekommen, wenn du zu deinen Plänen stehst und dich nicht klein machst oder machen lässt. Bescheidenes Auftreten mag in bestimmten Investorenkreisen sozial erwünscht sein. Doch die großen und professionellen Investoren, die international arbeiten, wirst du so nicht beeindrucken können. Sie wollen von dir hören, dass du die Nummer eins werden willst. Warum sollten sie dir sonst ihr Kapital anvertrauen?

In der Vergangenheit war es schwierig, als deutsches Start-up sehr große Kapitalbeträge zu akquirieren. Mittlerweile ist es einfacher geworden. Institutionelle Anleger investieren heute weltweit.

Du musst dich also nicht damit begnügen, mit einem mittelprächtigen Budget deine auf Mittelmaß zurechtgestutzten Pläne zu realisieren. Du kannst von Anfang an das weit gesteckte Ziel angehen.

Klingt das zu großspurig? Ich kenne kein erfolgreiches Start-up, das nicht den Anspruch vertritt, in seinem Markt der beherrschende Player zu werden. Das klappt nicht durch Bescheidenheit und zaghaftes Vortasten. Das geht nur mit fast grenzenloser Ambition.

Traust du dir nicht zu? Geht dir gegen den Strich? Dann lasse es sein, mache lieber etwas kleines Überschaubares. Oder du springst über deinen Schatten und entschließt dich, zu deinen großen Zielen zu stehen und sie wirklich erreichen zu wollen.

## GROSS DENKEN AUCH BEIM RECRUITING

Für große Pläne brauchst du nicht nur das passende Kapital, sondern auch das passende Team. In Jobinterviews wirst du es mit Sicherheit öfters erleben, dass die Bewerberin, der Bewerber dich für deine enthusiastisch vorgetragenen Wachstumspläne belächelt. Gerade zu Beginn, wenn du noch in einem kleinen Büro mit billigen Möbeln hockst, kann das passieren. Zu fern, zu gewagt wirken deine Pläne von hier aus betrachtet. Manche Jobkandidatin ist von der Aussicht auf großes Wachstum abgeschreckt. Heißt ja auch, dass sehr viel Arbeit anfallen wird.

Umgekehrt gibt es aber auch potenzielle Teamkollegen, die sehnsüchtig auf eine derartige Chance warten. Dafür ist die Beschreibung deiner Vision in Bewerbungsgesprächen ein großartiges Selektionskriterium. Stehe zu deinen Vorhaben, anstatt den Bewerbern nach dem Mund zu reden. Die einen wirst du dadurch verlieren, die anderen aber gewinnen. Und diese passen dann auch entsprechend besser zu deinem Unterfangen.

## ENTSCHIEDENHEIT STATT BESCHEIDENHEIT

- Setze große Chancen auch groß um und mache sie nicht kleiner, nur um möglichst schnell und einfach Kapitalgeber zu finden.
- Entwickle eine solide Strategie, mit der du die Marktdominanz anstreben kannst. Große Ambition für große Ziele.
- Stelle dir ein Team zusammen, das an deine Pläne glaubt und dich konstruktiv unterstützt.

**DIE GRÜNDUNG**

# 1.9 ZU WENIG IN DER BRANCHE ENGAGIERT SEIN: WARUM DU DEINE KONKURRENZ PERSÖNLICH KENNEN SOLLTEST

Wen kümmerte es schon, was in der Schaumstoffbranche los war? Vermutlich nur Schaumstoffmenschen, die sich auf Schaumstoffmessen trafen und dort Visitenkarten aus, genau, Schaumstoff austauschten. Nach stundenlangen Fachsimpeleien über die neuesten Schaumstofftrends zogen sie weiter in schummrige Kneipen, in denen sie auf Schaumstoffpolsterstühlen hockten, um schließlich weit nach Mitternacht auf die Schaumstoffmatratze ihres Hotelzimmers zu plumpsen und ihren Rausch auszuschlafen.

In diese muffige Schaumstoffwelt wollten Maren und Alice auf keinen Fall eintauchen. Die beiden Gründerinnen von Foam4Life hörten lieber Podcasts wie *Sustainability Rules* oder *Uplifting Messages for a Green Future* und tauschten sich mit Gründerinnen und Gründern anderer nachhaltig ausgerichteter Start-ups aus.

Foam4Life war die Zukunft des Schaumstoffs, nachhaltig produziert und extrem vielseitig. So stand es zumindest im Marens und Alices Businessplan. In ihrem Umfeld und auf Social Media bekamen sie dafür viel Applaus.

Neulich, bei einem Junge-Entrepreneurinnen-Lunch in Berlin, fragte eine der Organisatorinnen die beiden, welches Echo sie mit ihrem Konzept in der Schaumstoffbranche finden würden. »Grüner Schaumstoff« müsste doch als tolle Innovation, eventuell aber auch als Bedrohung für die bestehende Industrie gesehen werden?

## DON'T FAIL

Maren und Alice schauten sich an. Who cares?! Was die Schaumstoffmenschen dachten, sei doch irrelevant. Total verstaubte Ideen, verkrustete Strukturen, kein Innovationsspirit.

Ihre Gesprächspartnerin musste lachen. Ihrer Familie gehöre ein Unternehmen, das Schaumstoff produziere. Sie sei also auch ein Schaumstoffmensch, und zwar durch und durch.

Später googelten Maren und Alice ihren Namen. Stimmte wirklich alles. Das war ihnen natürlich unendlich peinlich. Auf der Webseite lasen sie unter »News«, dass das Unternehmen bereits seit mehreren Jahren an einem »grünen Schaumstoff« arbeitete und ihn bald auf den Markt bringen werde. Nicht nur in Deutschland, sondern weltweit.

Da müssen wir wohl einen Zahn zulegen, sagten sich die beiden. Diese Schaumstoffmenschen scheinen alles andere als Schaumstoff im Kopf zu haben.

## WAS HIER SCHIEFLÄUFT: MANGELNDE BRANCHENPRÄSENZ FÜHRT ZUM INFORMATIONSDEFIZIT

Hätte man wissen können. Das ist die erste Reaktion, wenn einem als Gründerin oder Gründer so etwas passiert wie im Beispiel von Maren und Alice. Hätte man. Wenn man denn etwas mehr Interesse für die Branche, in der man sich bewegt, gezeigt hätte.

In der Start-up-Szene reden wir oft vom Markt oder von den Märkten. Du musst deinen Markt kennen. Achte darauf, was sich in den Märkten tut, wohin sie sich bewegen. Das klingt immer alles recht abstrakt. Dabei übersehen wir schnell einmal, dass sich überall in diesen Märkten reale Menschen tummeln. Menschen, mit denen wir uns austauschen, die wir leibhaftig treffen können. Sofern wir dazu bereit sind.

Branchentreffs, Branchenverbände, Branchennetzwerke: Sie

## DIE GRÜNDUNG

sind ganz real, während die Märkte selbst nur aus Zahlen, Daten, Trends bestehen. Wer also »den Markt« besser verstehen will, ist gut beraten, sich mit seiner Branche zu beschäftigen. Und das geht am besten durch persönlichen Austausch.

Maren und Alice zeigen sich zwar auch kommunikationsfreudig, sind aber viel zu wenig bis gar nicht in ihrer Branche unterwegs. Dadurch entgehen ihnen viele sehr wertvolle Informationen. Die Webseite eines Mitbewerbers können sie natürlich auch einfach so checken. Doch vieles, was dort veröffentlicht wird, hätten sie eventuell schon viel früher erfahren können. Auf Branchentreffs schwirren nämlich jede Menge Infos durch die Luft. Wer arbeitet gerade woran? Welche Produkte stehen kurz vor dem Markteintritt? Beim wem läuft es gerade gut, bei wem eher schlecht?

Die Gerüchteküche kocht hier auch so manches Süppchen. Aber an vielen Dingen ist dann doch etwas dran, wie sich später zeigt.

In jeder Branche gibt es Expertinnen und Experten, die man idealerweise persönlich kennen sollte. Einfach nur ihre YouTube-Videos gucken oder Blogposts lesen, reicht nicht. Dasselbe gilt für die Konkurrenz. Die Köpfe der Unternehmen, die mit dem eigenen Start-up im Wettbewerb stehen, sollte man kennen und ihre Telefonnummern ebenfalls.

Fällt all das weg, der Austausch mit Branchenkennerinnen und -kennern sowie der Konkurrenz, steht man nicht nur schlecht informiert da. Man wird auch in der eigenen Branche nicht als relevanter Player wahrgenommen. Erfolg haben kann man sicherlich auch so, doch es ist viel mühsamer und riskanter, weil die Gefahr besteht, dass wesentliche Informationen für ein gutes Marktverständnis fehlen.

## SO MACHST DU ES RICHTIG: ECHTES ENGAGEMENT IN DER BRANCHE

Falls du bis jetzt einen Bogen um Branchenevents gemacht hast, solltest du das dringend ändern. Du triffst dort auf Menschen, die dir enorm weiterhelfen können. Gerade als Anfängerin und Anfänger wirst du in der Regel mit offenen Armen begrüßt. Man freut sich über den Neuzugang, nimmt ihn gern an die Hand, gibt Tipps. Diese Gelegenheiten, mit anderen über deine Pläne zu sprechen und hilfreiches Feedback zu erhalten, solltest du unbedingt nutzen.

Wie aber findest du Events, die sich *wirklich* lohnen? Meiner Erfahrung nach ist ein wichtiges Kriterium, dass es zahlende Teilnehmende gibt. Kostenlose Events ziehen oft das falsche Publikum an. Bei eher hochpreisigen Branchentreffs kannst du daher davon ausgehen, dass du relevanten Playern begegnen wirst: Unternehmern, Expertinnen, Fachjournalisten, Politikerinnen und anderen.

Deinen Fokus solltest du auf internationale Events legen. Vor allem dann, wenn dein Business ebenfalls international ausgerichtet ist. Solche Events weisen meist eine hohe Qualität der Teilnehmenden auf.

## AUCH DIE KONKURRENZ IST EIN WICHTIGER NETZWERKPARTNER

Manche Gründerinnen und Gründer halten Abstand zur Konkurrenz. Sie fürchten Ideenklau, Indiskretion und Abwerbung von Mitarbeitenden. Ich finde diese Befürchtungen überzogen. Wie oben bereits erwähnt solltest du die Köpfe der Unternehmen, mit denen du konkurrierst, persönlich kennen. Am besten hast du ihre Nummer im Smartphone abgespeichert. Durch den Austausch mit ihnen wirst du ein besseres Verständnis ihrer Strategie und Vorgehensweise gewinnen. Wie ticken sie? Was bewegt sie? Warum machen sie die Dinge so, wie sie sie machen?

Angenommen, du hast dich immer gefragt, warum die Produkte deines Hauptkonkurrenten so übertrieben durchgestylt sind. Wenn du mit dessen selbstverliebten Designchef sprichst, wirst du es vermutlich verstehen. Natürlich wirst auch du direkt oder indirekt deinen Mitbewerbern etwas über dein Unternehmen preisgeben. Kommunikation im Business ist keine Einbahnstraße. Aber durch einen ehrlichen, offenen Austausch ergibt sich eine Win-win-Situation.

Überhaupt solltest du Mitbewerber nicht nur als Konkurrenten, sondern auch als mögliche Partner betrachten. Unter Umständen benötigst du einmal ihre Hilfe. Oder ihr kooperiert, um mehr Kundinnen und Kunden zu gewinnen oder eine besonders harte Projektnuss zu knacken.

Im Idealfall strebst du das Ziel an, dich von einem neugierigen Beginner zu einem echten Experten deiner Branche zu entwickeln. Je mehr du dich mit anderen austauschst, Informationen sammelst und dich vernetzt, desto höher wird der Nutzen für dich und andere sein.

## BRANCHE UMARMEN, STATT SIE ZU IGNORIEREN

- Besuche die besten Events deiner Branche. Wähle sie sorgfältig aus, um dort auf qualitativ hochwertige Gesprächspartner zu treffen.
- Knüpfe Kontakte zu deinen Mitbewerbern, lerne sie persönlich kennen. Dein Marktverständnis steigt so immens.
- Werde selbst zur Expertin, zum Experten deiner Branche. So profitieren alle: du, dein Start-up und die ganze Branche.

**DON'T FAIL**

# 1.10 ZU SPÄT IN DEN MARKT GEHEN: WARUM DU DIR FRÜHZEITIG EHRLICHES FEEDBACK HOLEN SOLLTEST

Von Inreal, meinem ersten Start-up, hatte ich bereits erzählt. Unser Geschäftsmodell änderte sich mehrmals. Zu Beginn ging es um Virtual-Reality-Lösungen. So auch 2012, als wir ein unglaubliches Produkt auf den Markt bringen wollten.

»Unglaublich« sage ich deshalb, weil es mir aus heutiger Sicht unglaublich unhandlich, unpraktisch und undurchdacht vorkommt. Aber damals sahen meine Mitstreiter und ich das vollkommen anders. Für uns war das Inreal VR Terminal unglaublich chancenreich und genau auf die Bedürfnisse der Zielgruppe zugeschnitten.

Wie muss man sich dieses Terminal vorstellen? Grob beschrieben bestand es aus einer rund einen Quadratmeter großen Bodenplatte, aus der am Rand ein massives Trägermodul ragte, an dem die Bedienelemente angebracht waren. Oben an der Spitze war ein großer LCD-Bildschirm installiert. Der jeweilige Anwender stand auf der Bodenplatte und trug eine VR-Brille, die über ein Kabel mit dem Trägermodul verbunden war. Die gesamte Konstruktion war rund zweieinhalb Meter hoch und wog satte 200 Kilo.

Am Prototyp des Terminals werkelten wir lange herum. Dann zeigten wir ihn Dutzenden potenzieller Kunden aus dem Immobilien- und Architekturbereich. Mittels Virtual Reality sollten sie ihre Projekte für ihre Auftraggeberinnen und Auftraggeber erlebbar machen.

Das Terminal kam überragend gut an. Diesen Eindruck hatten wir zumindest. Spannend. Aufregend. Endlich einmal etwas Innovatives.

## DIE GRÜNDUNG

Bestärkt von diesem vermeintlich positiven Feedback bereiteten wir die Markteinführung vor – die jedoch mehr als enttäuschend verlaufen sollte. Kaum einer der Kunden, denen wir das Terminal präsentiert hatten, bestellte ein Exemplar. Gerade einmal zwölf Stück verkauften wir, und das nur zu wenig profitablen Konditionen.

Wir hätten einfach besser hinhören sollen. Das Feedback der scheinbar begeisterten Testerinnen und Tester enthielt stets einen kleinen, aber nicht unwichtigen Zusatz: »Wir finden eure Idee echt großartig, dafür gibt es sicher viele Interessenten. Aber für uns hier ist das aktuell nichts.« Gemeint war damit tatsächlich: »Wir sind doch nicht verrückt und stellen uns dieses Monstrum in unseren Showroom!«

Nur wollte man nett sein und uns nicht die nackte Wahrheit um die Ohren hauen. Unser VR-Terminal war zu teuer und zu sperrig. Es war eine Kopfgeburt, entstanden in vielen Stunden Entwicklungsarbeit, bei der Zielgruppenorientierung und Praxisnutzen leider etwas ins Hintertreffen geraten waren.

## WAS HIER SCHIEFLÄUFT: UNZUREICHENDES KUNDENFEEDBACK VERHINDERT RECHTZEITIGE OPTIMIERUNGEN

Was uns bei Inreal mit dem VR-Terminal passiert ist, erleben andere Gründerinnen und Gründer in ähnlicher Form sehr oft. Mit viel Herzblut, Energie und Hirn entwickeln sie ein Produkt, das keiner will, weil es an den Bedürfnissen der Zielgruppe vorbeigeht.

Der Grund für solche Fehlentwicklungen ist in der Regel recht einfach: Sie wurden zu spät im Markt getestet. Und wenn sie getestet wurden, hat man das Feedback nicht ordentlich ausgewertet.

## DON'T FAIL

So wie in unserem Beispiel. Wir hatten viel zu lange im stillen Kämmerlein gearbeitet. An praktische Erwägungen der Zielgruppe dachten wir nur sehr begrenzt. Wir wollten ein stabiles, funktionierendes Gerät abliefern. 200 Kilo und stolze Außenmaße hielten wir für vertretbar. Das Gerät machte ja auch bei den Testeinsätzen viel her.

Hätten wir der Zielgruppe zu einem früheren Zeitpunkt unser Konzept vorgestellt und ihre Meinung eingeholt, hätten wir sicherlich so manches anders gemacht. Den guten alten MVP-Ansatz (Minimum Viable Product) sollte man eben nicht nur aus der Theorie kennen, sondern auch konsequent praktisch anwenden. Das heißt, man geht schrittweise vor: Prototyp bauen, Feedback einholen, Prototyp verbessern und so weiter.

Wenn man stattdessen mit einem »perfekten Produkt« in den Markt gehen will, so wie wir damals, geht das oft in die Hose. Grundlegende Produkteigenschaften wie Gewicht oder Größe lassen sich kaum noch ändern. Eventuell ist das Produkt auch mit Funktionen überladen und schwer zu bedienen. All das hätte man vermeiden können, wenn man frühzeitig in den Markt gegangen wäre.

Den noch größeren Fehler begingen wir allerdings bei der Interpretation des Kundenfeedbacks. Ein begeisterter Kunde lobt nicht distanziert nach dem Motto »Für mich ungeeignet, aber für andere ganz sicher gut«. Er sagt: Ändert dieses Detail am Produkt, dann kaufe ich es!

Leider lassen sich viele Gründerinnen und Gründer nur ungern vom einmal eingeschlagenen Weg abbringen. In den meisten Fällen wirkt hier die berühmt-berüchtigte »sunk-cost fallacy«, die unter anderem Daniel Kahneman in seinem Weltbestseller *Schnelles Denken, langsames Denken* (2016) beschreibt. Hierum geht es bei diesem verhaltenspsychologischen Phänomen: Selbst wenn

## DIE GRÜNDUNG

ein Vorhaben sich als Fehler erweist, sind wir bereit, noch mehr Ressourcen zu investieren, um die bisherige Arbeit nicht als Verlust, also als »versenkte Kosten« verbuchen zu müssen.

Wir könnten also Zeit, Energie und Budget viel besser in ein anderes Projekt investieren, klammern uns aber am aktuellen Projekt fest und glauben, wider besseres Wissen, es noch retten zu können. Ein irrationales Verhalten, dass überall in unserem Alltag auftreten kann. Im Start-up-Alltag sollten wir es unbedingt vermeiden, da es in der Regel mit ernsten Konsequenzen verbunden ist.

## SO MACHST DU ES RICHTIG: KONSTRUKTIVES FEEDBACK ZUR RECHTEN ZEIT

Keine Angst vor dem Kunden von morgen. Am besten gehst du heute schon auf ihn oder sie zu und holst dir ehrliches Feedback zu deinem Produkt, deiner Dienstleitung. Ich vermute, dass hinter dem sogenannten »Overengineering«, also einer übertrieben aufwändigen und am Kunden vorbei zielenden Entwicklungsarbeit, meistens die Furcht vor dem Urteil der Zielgruppe steht. Lieber fummelt man noch ein wenig hier und dort herum, als sich der Kritik der möglichen Anwenderinnen und Anwender zu stellen.

Du solltest dir also so früh wie möglich ein erstes Feedback holen. Wähle die Testpersonen gut aus. Sie sollten bereit und in der Lage sein, dir offen und ehrlich ihre Meinung zu sagen. Falls du spürst, dass sich ihre Begeisterung für das Produkt in Grenzen hält, fordere sie zur schonungslosen Kritik auf. Nur das bringt dich weiter.

Gutes Feedback braucht gute Fragen. Ich habe dir einige Beispiele zusammengestellt (siehe Abbildung 3). Selbstverständlich kannst du diese Fragen, eventuell leicht variiert, auch bestehenden Kundinnen und Kunden stellen.

# DON'T FAIL

- *Was wäre ein Produkt, das dich begeistern würde, du aber für unmöglich hältst?*

- *Kannst du mir eine Wunschliste formulieren, was du von unserem Produkt erwartest?*

- *Was wird sich in deiner Branche ändern? Was bleibt gleich?*

- *Was denkst du, machen unsere Wettbewerber falsch?*

- *Warum nutzt du kein Wettbewerbsprodukt, sondern bleibst bei deinem aktuellen?*

- *Wer ist für dich in diesem Gebiet Meinungsführer?*

- *Für welchen zusätzlichen Service oder Leistungsumfang würdest du gerne mehr Geld bezahlen?*

- *Wie bleibst du über Neuerungen auf dem Laufenden? Welche Kanäle nutzt du?*

Abb. 3: Fragen an deine künftige Zielgruppe

## DIE GRÜNDUNG

Verzichte auf die Meinungen von Stellvertretern der Zielgruppe wie zum Beispiel Branchenexperten oder Zwischenhändler. Häufig müssen diese sich diplomatisch verhalten und urteilen voreingenommen, weil sie auf Abhängigkeiten Rücksicht nehmen müssen. Oder sie verfolgen eigene Interessen. Im Zweifelsfall bekommst du Wischiwaschiantworten, die wenig aussagen.

## BESSER VERSTEHEN, WAS DIE ZIELGRUPPE SUCHT

Es geht darum, dass du durch ehrliches Feedback ein bestmögliches Verständnis der Bedürfnisse und Wünsche deiner Zielgruppe gewinnst. Du lernst, wo genau ihr der Schuh drückt, und kannst dadurch deine Lösung viel besser auf sie zuschneiden.

Eine Erkenntnis könnte zum Beispiel sein, dass deine Zielgruppe gar nicht so viele Funktionen haben möchte, wie du für dein Produkt vorgesehen hast. »Simplicity wins« lautet hier die Formel gegen den Irrglauben, dass ein Produkt durch viele Features attraktiver würde.

## SCHRITT FÜR SCHRITT ZUM RICHTIG GUTEN PRODUKT

- Setze auf frühzeitiges und ehrliches Feedback deiner Zielgruppe, um dein Produkt optimal auf deren Bedürfnisse auszurichten.
- Fordere schonungslose Kritik ein und gib dich nicht mit ausweichenden Antworten (»Andere finden es sicher gut«) zufrieden.
- Verbessere dein Produkt nach und nach auf Basis der Feedbacks, ohne auf die »sunk-cost fallacy« hereinzufallen.

# 2. DAS ERSTE JAHR

## 2.0 LÄUFT DOCH, ODER? - WAS DICH IN DEN ERSTEN ZWÖLF MONATEN BEWEGT

Die Gründungsphase liegt hinter dir. Falls du glauben solltest, dass damit die größten Hürden genommen sind, liegst du leider falsch. Es fängt erst richtig mit den Herausforderungen an. Sahst du dich bislang dauernden Nachfragen deiner Familie und Freunde ausgesetzt, wann es denn endlich losgehen würde, so hört das jetzt nicht einfach auf. Die Fragen bleiben, sie werden in der Regel sogar hartnäckiger und bohrender. Aber nicht nur die Erwartungen deines Umfelds, auch die von Investorinnen und Investoren, Mitarbeitenden und anderen Interessierten setzen dich unter einen gewissen Druck.

Die Person, die sich am meisten Gedanken über dein Start-up macht, bist aber immer noch du selbst. Daher solltest du dich nicht auch noch ständig mit den Sorgen anderer beschäftigen, sondern an dich denken und Wege finden, mit dem Stress umzugehen.

In den ersten zwölf Monaten deines Start-ups finden entscheidende Weichenstellungen statt. Du musst Entscheidungen treffen, die den weiteren Verlauf bestimmen. Du kannst alles falsch machen, gleich von Anfang an. Oder du kannst alles richtig machen und brillieren. Zum Glück sind beide Punkte Extreme: Weder das eine noch das andere wird höchstwahrscheinlich eintreten. Du wirst einige Fehler machen, aber auch so manches richtig angehen. Nicht immer wirst du direkt erkennen, was richtig und was falsch war. Die Folgen zeigen sich oft erst später.

Eines kann ich dir aber versichern: Ein schwammiges Gefühl wirst du immer haben. Hätte ich das anders lösen sollen? War das jetzt gut? Weiß mein Gegenüber jetzt wirklich, was es tun soll? War ich klar genug?

**DON'T FAIL**

Überhaupt wieder diese ganzen Gefühle. Mit ihnen wollen wir uns auf den nächsten Seiten beschäftigen, bevor ich dir die zehn größten Fehler in der Anfangsphase vorstelle.

Zweifel, Sorge, Angst, Euphorie, Wut und mehr. Die ganze Palette der Emotionen kommt in den ersten zwölf Monaten zum Einsatz. Beginnen wir mit einem sehr markanten Gefühl: der Ernüchterung.

## DAS GEFÜHL, DASS NICHT ALLES SO LÄUFT WIE GEDACHT

Die ersten Monate deines Start-ups sind eine emotionale Achterbahnfahrt. Anfangs hast du noch alles durch die rosarote Brille betrachtet. Die fantastischen Talente um dich herum. Die geile Aufbruchstimmung jeden Tag. Die extrem spannenden Aufgaben. Doch nach und nach weicht diese Euphorie einem Gefühl der Ernüchterung. Und das nicht nur bei dir, sondern bei allen Beteiligten.

Falls manche deiner Mitarbeitenden ein Start-up als eine Art Hobbyprojekt betrachtet haben sollten, realisieren sie nun, dass die Sache ernst ist. Es geht hier um Performance und Ergebnisse wie in jedem anderen Unternehmen auch. Dieser ganze Wir-machen-hier-unser-Ding-Hype flaut langsam ab.

Du selbst gewinnst einen realistischeren Blick auf die Fähigkeiten deiner Mitarbeitenden. Du erkennst, dass sie nicht ganz so perfekt arbeiten, wie du am Anfang dachtest. Bei manchen beschleicht dich vielleicht auch die Vermutung, dass ihr Verhalten und ihre Einstellung nicht zur Unternehmenskultur passen. Ist ein ernstes Gespräch angebracht? Solltest du dich von ihnen trennen? Wie gesagt, es ist eine Zeit der Ernüchterung, aber auch des Experimentierens.

**DAS ERSTE JAHR**

# DAS GEFÜHL, JEDEN TAG DAZUZULERNEN

Das mit den Experimenten bezieht sich einerseits auf die generelle Arbeitsweise. Du führst Projekte durch, misst die Ergebnisse, wertest diese aus und startest auf dieser Basis neue Projekte. Immer in der Hoffnung, deinem Ziel ein Stück näherzukommen.

Andererseits ist auch alles andere, was im Start-up passiert, als Experiment zu betrachten. Du versuchst dich zum Beispiel in der Führung von Mitarbeitenden. Dabei entdeckst du vielleicht, dass die Flut an Ratgebern zu diesem Thema ihre Berechtigung hat. Es ist tatsächlich sehr knifflig, den richtigen Ton zu finden, die individuellen Bedürfnisse jedes Mitarbeitenden zu erkennen oder Probleme mit Fingerspitzengefühl zu lösen. Du probierst also aus, wie gut deine Führungsqualitäten sind und veränderst dein Verhalten dementsprechend.

In anderen Bereichen ist es ähnlich. Du experimentierst mit Recruiting, Projektmanagement, Marketing, Vertrieb und Sonstigem. Du fühlst dich als Anfängerin, als Student, als lernendes System. Mit jedem kleinen Lernerfolg geht es dir besser.

# DAS GEFÜHL, ENDLICH KONKRETES IN DER HAND ZU HABEN

Während der Gründungsphase war ebenfalls vieles neu für dich. Doch im Unterschied zu damals ist jetzt die Messbarkeit der Ergebnisse da. Messbarkeit bedeutet, dass du anhand von Kennzahlen und anderen harten Fakten prüfen kannst, wie gut oder schlecht deine Planungen aufgehen. Mit einem Mal merkst du, dass eine bestimmte Aufgabe viel länger dauert, als gedacht. Oder dass ein kleines Projekt einen überraschend hohen Nutzen liefert, während mehrere größere Projekte nur wenig bringen. Du siehst natürlich auch besser, wie effizient und effektiv deine Mitarbeitenden sind.

Das oben beschriebene Gefühl der Ernüchterung hat viel mit messbaren Ergebnissen zu tun. Zahlen sprechen eine deutliche Sprache. Du kannst dir nicht länger Dinge einreden, wie du es vielleicht noch in der Gründungsphase konntest: dass alles ganz großartig läuft und immer besser wird. Für derlei Träumereien ist kein Platz mehr. Solltest du jetzt noch ein Träumer, sprich unrealistisch handelnder Mensch bleiben wollen, bringst du dein Start-up in ernste Gefahr.

Zweifel und Ängste können die Reaktion auf messbare Ergebnisse sein. Wie gehst du mit ihnen um? Verkriechst du dich in eine dunkle Ecke und wartest ab, ob sich alles von allein wieder einrenkt? Oder packst du die Probleme aktiv an, änderst den Kurs, um in den grünen Bereich zu gelangen?

## DAS GEFÜHL, AUF DEM RICHTIGEN WEG ZU SEIN

Bevor das hier zu sehr nach einer depressiv stimmenden Beschreibung des Start-up-Alltags klingt: Selbstverständlich gibt es auch viele, viele positive Momente und Erfahrungen in den ersten zwölf Monaten. Diese Phase ist geprägt von vielen ersten Malen, die sehr aufregend sein können.

Zum ersten Mal hast du intensiven Kontakt mit Kundinnen und Kunden als Gründer einer Firma – statt als jemand, der potenziell ein Unternehmen gründen möchte. Zuvor zeichneten sich deine Zielgruppenkenntnisse eher durch grobe Einschätzungen und theoretische Annahmen aus. Nun aber nimmt die Zielgruppe Gestalt an und es zeigt sich, wer bereit ist, echtes Geld in dich zu investieren.

Du verstehst dadurch besser, was deine Kundinnen und Kunden wirklich wollen und brauchen. Welchen Nutzen musst du ihnen bieten?

**DAS ERSTE JAHR**

Du bewegst dich nun im Markt, lernst auch ihn besser kennen und einzuschätzen. Wer sind deine Wettbewerber? Wo liegen ihre Stärken und Schwächen? Mitunter kannst du aufgrund deiner Erkenntnisse eigene Schwachstellen besser identifizieren. Wo ist dein Angebot angreifbar oder austauschbar?

Hier kommt nun ein weiteres Gefühl zum Tragen. Nennen wir es Genugtuung oder Bestätigung. Du fühlst dich gut, wenn du feststellst, dass dein Produkt, dein Service gebraucht wird. Davon hast du immer geträumt. Endlich im Markt angekommen sein, als relevanter Player wahrgenommen werden.

Plötzlich taucht der Name deines Start-ups in den Branchenmeldungen auf. Auf Events nicken wildfremde Menschen anerkennend, wenn du sagst, wo du arbeitest. Selbst die Postbotin weiß jetzt, wo euer Briefkasten ist und wirft die Post nicht länger bei den Nachbarn ein.

Im Idealfall ist das so wie beschrieben. Wahrscheinlicher ist aber, dass du in den ersten zwölf Monaten noch nicht ganz die Position im Markt gefunden und gefestigt hast. Doch du bist dabei und auf einem (hoffentlich) guten Weg.

# DAS GEFÜHL, DASS ALLES ANSTRENGEND IST

Sich im Markt zu positionieren, Aufgaben wie die Mitarbeiterführung ernst zu nehmen, immer wieder neue Projekte durchzuführen: Das alles kostet viel Kraft. Besonders das Experimentieren strengt an. Du wirst Rückschläge erleben, vermeintlich sichere Annahmen revidieren und neue Wege finden müssen. Einfach wieder von vorn beginnen, das sagt sich so leicht.

Jeder Neuanfang kostet dich Geld und Zeit. Das Gefühl der Sicherheit, auf dem richtigen Weg zu sein, weicht eventuell der Besorgnis, sich verrannt und vielleicht sogar alles falsch gemacht zu haben.

In dieser Situation brauchst du kleine Erfolge so dringend wie die Luft zum Atmen. Sie geben dir neuen Mut, lassen dich weitermachen. Bleiben sie aus, sieht es düster aus.

Nicht bange sein, in der Regel führen nicht wenige Experimente zu mehr oder minder positiven Ergebnissen. Immerhin bewegst du dich in einer Phase, in der Erfolg und Misserfolg zuverlässiger messbar sind. Du merkst jetzt, wo dein Vorhaben Zugkraft entwickelt, in welche Richtung du weitermachen solltest. Gezielte Kurskorrekturen sind möglich. Vorausgesetzt, du hast die Zeit dafür.

## DAS GEFÜHL, ZU WENIG ZEIT ZU HABEN

Wo ist sie nur hin, die Zeit? Man hätte gern mehr von ihr. Im Start-up-Alltag ist das sicher einer der am häufigsten geäußerten Wünsche. Ach, hätten wir doch noch den Winter, dann könnten wir den Entwicklungsprozess weiter verbessern und unser Produkt wirklich zum Durchbruch bringen. Doch dieser Wunsch ist zugleich eine beliebte Ausrede. Zeit ist stets knapp. Und wann immer etwas nicht so klappt wie erwartet, lag es natürlich an der fehlenden Zeit. Nicht etwa an falscher Planung, unzureichendem Wissen oder anderen naheliegenden Gründen.

## DAS GEFÜHL, DASS DIE MITTEL NICHT REICHEN

Na, wie sieht es aus? Wie viel Cash ist noch da, wie lange mag es reichen? Diese Frage verfolgt viele bange Gründerinnen und Gründer, wenn sie ihre Konten checken. Eine Menge hängt davon ab. Es geht um das Überleben des Start-ups. Sollte dir in den ersten zwölf Monaten die finanzielle Puste ausgehen, wäre das sehr bitter. Der Kontostand kann viele weitere Fragen auslösen. Solltest du dich von Mitarbeitenden trennen? Etwa weil sie ein hohes Gehalt bekommen, das du dir nicht mehr leisten kannst? Oder weil sie eventuell nicht deine anfänglichen Erwartungen erfüllen?

Überhaupt kann es sein, dass du viele bisherigen Routinen und Vorhaben auf den Prüfstand stellst. Gut, auf das wöchentliche Pizzaessen willst du nicht verzichten. Das ist für das Teambuilding wahres Gold wert. Doch wie sieht es mit dem geplanten Umzug in das neu sanierte Loft aus? Muss das echt sein?

Das Geld rinnt dir durch die Finger, so kommt es dir jedenfalls vor. Doch auch an dieses Gefühl wirst du dich gewöhnen.

## DAS GEFÜHL, UMSTEUERN ZU MÜSSEN

Deine größte Sorge in den ersten zwölf Monaten ist aber diese: Hält dein Geschäftsmodell, was es verspricht? Gehst du also weiterhin davon aus, dass deine Planungen aufgehen und zum Erfolg führen? Auf Basis deiner bis jetzt gesammelten Erfahrungen solltest du dir eine Meinung bilden können.

Noch kannst du den Kurs ändern. Noch hast du in der Regel die nötigen Mittel dafür. In ein paar Monaten, schlimmstenfalls sogar nur Wochen, kann das schon ganz anders aussehen.

Pivot or not – das ist hier die Frage (der Begriff Pivot geht auf Eric Ries und sein Buch *The Lean Startup* zurück). Mit »Pivoting« ist der strategische Kurswechsel des Start-ups gemeint. Ziel ist es stets, den künftigen Erfolg zu sichern. Dabei wird nicht unbedingt das gesamte bisherige Geschäftsmodell infrage gestellt. Vielmehr geht es darum, dessen Flexibilität auszureizen und in entscheidenden Bereichen bessere Leistungen zu erzielen. Die Neuausrichtung der Strategie findet dabei aufgrund von Projektergebnissen, Tests, Befragungen von Kundinnen und Kunden sowie anderen Feedbacks statt. Übers Knie sollte man also einen solchen Strategiewechsel nie.

Flexibel und anpassungsfähig bleiben, das sollte immer der Anspruch eines Start-ups sein. Mit einem Pivot setzt du dies um. Du änderst den Kurs maßgeblich, schlägst zum Beispiel eine neue Richtung im Vertrieb ein. Wieder einmal bist du aufgeregt und unsicher, ob sich der erwünschte Erfolg einstellen wird. Hört das denn niemals auf?

Um dir mögliche Aufs und Abs vor Augen zu führen, habe ich einmal aufgezeichnet, wie der Stimmungsverlauf in den ersten zwölf Monaten aussehen kann. Siehe hierzu Abbildung 4.

## WAS AUCH PASSIERT, GENIESSE DIE ZEIT

Selbst wenn es viel Stress gibt und Dinge nicht so laufen, wie du dir das gedacht hast: Die ersten zwölf Monate deines Start-ups können zu einer richtig guten Zeit werden. Die Erlebnisse und Erfahrungen dieser Phase prägen dich. Du lernst immens viel über dich selbst. Du lernst aus Fehlern und aus Erfolgen.

Damit dir einige dicke Patzer erst gar nicht passieren, stelle ich dir im Folgenden die zehn größten Fehler der ersten zwölf Monaten vor und erzähle dir, wie du sie am besten vermeidest.

# DAS ERSTE JAHR

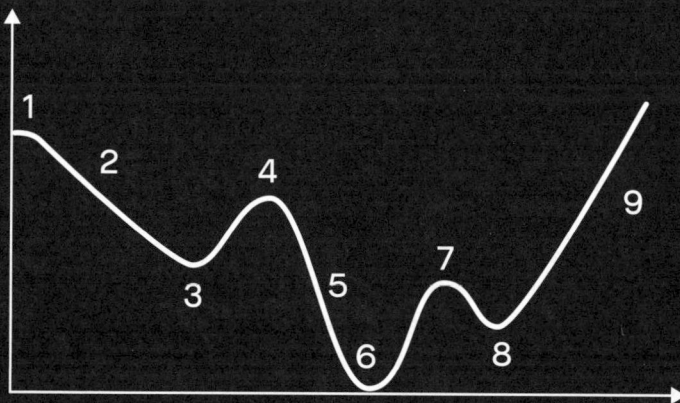

1. Mit diesem Businessplan werden uns die Kunden lieben!
2. Ok, wo fangen wir jetzt an?
3. Verdammt. Das hatten wir uns aber leichter vorgestellt.
4. Toll, wir haben erste Kunden.
5. Jetzt haben diese Kunden auch noch Wünsche und Anforderungen?!
6. Wir haben etwas Fehlerhaftes ausgeliefert – das ist das Ende!
7. Puh, die Kunden mögen es! Nur, wie viele gibt es überhaupt?
8. Wo kommt denn jetzt dieser Wettbewerber her?
9. Unglaublich, dass wir XY als Kunden gewinnen konnten!

Abb. 4: Stimmungsverlauf im ersten Jahr

**DON'T FAIL**

# 2.1 IN SCHÖNHEIT STERBEN: WARUM DU GAR NICHT SO PERFEKT SEIN SOLLTEST

Ein Büroumzug macht viel Arbeit, das wissen alle. Im alten Büro Computer und anderes elektronisches Zeugs abbauen, Kartons packen, Möbel verladen. Im neuen Büro dann wieder alles auspacken, aufbauen, anschließen. Wenn die neue Arbeitsumgebung nicht nur größer, sondern auch schöner und komfortabler als die alte ist, lohnen sich die ganzen Mühen natürlich.

So war es auch bei einem meiner Start-up-Büroumzüge. Die neuen Räume lagen in einer wunderbaren ehemaligen Anwaltskanzlei in der Karlsruher Innenstadt. Hohe Decken mit Stuck, Flügelfenster, knarzendes Parkett. Bislang hatten wir in eher bescheidenen Räumlichkeiten gehaust. Für meine Mitgründer und mich reichte dieses Büro in der Anfangsphase aus. Doch als das Team anwuchs, platzte alles aus den Nähten. Wir brauchten dringend mehr Raum, und deshalb waren wir froh, die ehemalige Kanzlei anmieten zu können.

Nur ein wenig renovieren vorm Umzug, das war unser Plan. So zwei, drei Tage hatten wir maximal dafür vorgesehen. Wir wollten es schön haben, aber auch nicht übertreiben. Als leidlich erfahrene Hobbyhandwerker hätten wir die Wände doch im Nu gestrichen. Hier und da noch ein wenig Hand anlegen, vielleicht ein neuer Wasserhahn im zweiten WC, mehr brauchte es nicht.

Die Arbeiten liefen gut an. Das ganze Team legte sich ins Zeug. Was für ein Spirit! Das Streichen der Wände ging gut voran, da kam uns die Idee, doch auch noch die Türen neu zu lackieren. Wie wäre es in knalligem Orange, so wie in unserem Logo? Hey, cool, machen wir.

Eine Woche nach Beginn der Renovierungsarbeiten stand ich im neuen Büro und kam ins Grübeln. Wände und Türen waren fertig. Doch immer noch lief unsere eigentliche Arbeit nicht auf Hochtouren. Einzelne Teammitglieder waren mit allerlei Verschönerungen beschäftigt. Sie bastelten Dekorationen, hängten Lichterketten auf, rückten Möbel hin und her, um die ideale Position zu finden. Sie gingen völlig in ihrer Arbeit auf, wie es schien. Als ich sie darauf ansprach, strahlten sie mich an: Wenn wir mit so was anfangen, dann machen wir es auch richtig, nämlich perfekt.

Schön und gut. Dieser Perfektionsdrang kostete uns nur leider eine Menge Zeit, die uns für wichtigere Aufgaben fehlte. Die Renovierung hatte sich zum schwarzen Loch entwickelt, das Aufmerksamkeit, Zeit und Geld verschlang.

## WAS HIER SCHIEFLÄUFT: PRIORISIERUNG UNWICHTIGER AUFGABEN BINDET ZU VIELE RESSOURCEN

Doing things right. Oder: Doing the right things. Was ist besser? Die beste Antwort liegt dazwischen. Denn eine Sache richtig zu tun, kann ein Fehler sein, wenn es sich nicht um die richtige Sache handelt. Ebenso kann man eine richtige Sache verfolgen, dies aber nicht auf die richtige Weise.

Die richtigen Dinge richtig tun – dieser Satz bringt auf den Punkt, warum es beim effizienten Arbeiten geht. Ihn zu beherzigen, hätte uns damals bei der Bürorenovierung enorm geholfen. Doch wie es im Leben nun mal so ist, lernt man oftmals nur aus Erfahrung.

Welche Aufgaben richtig und daher wichtig sind, welche aber nicht, diese Frage beschäftigt Gründerinnen und Gründer tagein, tagaus. Viele spüren eine hohe Unsicherheit bei dieser Entscheidung. Deshalb stürzen sie sich gern auf die Aufgaben, die naheliegend und greifbar sind. Statt schwierigen strategischen Fragen (Wie optimieren wir das Produktfeature, das im Test so schlecht abgeschnitten hat?) widmen sie sich lieber einfacheren alltäglichen Fragen (Wie geben wir unseren Präsentationsvorlagen einen einheitlichen Look?). Diese Aufgaben werden dann mit übergroßer Genauigkeit und Hingabe erledigt.

Beim Lösen dieser »schlichteren« Aufgaben befindet man sich in der persönlichen Komfortzone. Sie lassen sich bequem erledigen, man fühlt sich gut, wenn man sie auf der Liste abhaken und sich der nächsten Aufgabe widmen kann. Im Prinzip ist es so wie damals in der Schule: eine Aufgabe nach der anderen, und jedes Mal gibt es eine Fleißnote der Lehrerin.

Doch im Start-up-Alltag laufen die Dinge anders. Weder ist es möglich, die Aufgaben streng nacheinander zu erledigen, noch gibt es eine mehr oder minder transparente Punktebewertung, an der man sich orientieren kann.

Es sind einfach zu viele Aufgaben zu bewältigen, sodass man stets gezwungen ist, mehrere gleichzeitig zu bearbeiten. Umso wichtiger ist deshalb, sie genau zu priorisieren. Das Auffrischen des Logo-Designs oder die penible Ordnung des Ablagesystems in der Buchhaltung mögen bedeutsam sein. Sie sollten aber auf keinen Fall dazu verleiten, essenzielle Arbeiten zu vernachlässigen.

Ich kenne Start-ups, in denen größter Wert auf bestimmte Details gelegt wird. Zum Beispiel darauf, stets die neuesten, internen Organisations-Tools einzusetzen. Da fließt viel Energie in Nebensächlichkeiten, es wird endlos gefummelt und perfektioniert, um scheinbar etwas Gutes fürs Unternehmen, fürs große Ganze zu leisten.

Dieser blinde Perfektionismus hat natürlich seinen Preis. Verzettelung im Kleinkram, Vergeudung von Ressourcen, Verdrängung der Realität.

**DAS ERSTE JAHR**

# SO MACHST DU ES RICHTIG: AUFGABENERLEDIGUNG NACH RELEVANZ UND NUTZEN

Das Gefühl, schwer beschäftigt zu sein und gründliche Arbeit zu leisten, kann dich glauben lassen, alles liefe prächtig. Vermeintlicher Perfektionismus ist dann deine Ausflucht dafür, dich gründlich verzettelt zu haben. Wie verhinderst du die Perfekt-sein-im-Unwichtigen-Falle?

Am besten nimmst du dir deine aktuelle Aufgabenliste vor und gehst sie schonungslos durch. Prüfe für dich genau: Welche Aufgaben werfen tatsächlich einen geschäftsrelevanten Nutzen ab? Welche sind also richtig, welche eher weniger? Lege dann Prioritäten fest, an denen du dich orientierst. Selbstverständlich gehen die besonders relevanten Aufgaben vor. Mitunter wirst du feststellen, dass die weniger wichtigen Aufgaben unverhältnismäßig viel Zeit verschlingen. Reichlich Einsparpotenzial also.

## FÜR WEN DU WIRKLICH ARBEITEST

Ein solcher Aufgabenlisten-Check kann mehr als eine lästige Pflichtübung sein. Er sollte dazu dienen, dass du dir stärker bewusst wirst, worauf es in deinem Business wirklich ankommt. Welche Schritte muss ich jetzt tun, in welcher Gründlichkeit? Große und kleinere Schritte können durchaus parallel laufen. Du wirst immer multitasken müssen, auch wenn dies nicht immer leicht ist. Erst eine Aufgabe lösen, dann die andere, dies funktioniert hier nicht.

Halte dir stets vor Augen, dass du für die Zielgruppe arbeitest, nicht für Investorinnen, Mitarbeitende oder gar dein Ego. Welche der von dir bearbeiteten Aufgaben sind für deine Kundinnen und Kunden sichtbar? Wie hebst du dich durch sie vom Wettbewerb ab? Das sind die entscheidenden Fragen. Erwarte aber bitte keine Fleißnoten oder Schulterklopfen, wenn du diese Aufgaben gelöst hast.

## NUTZWERT GEHT VOR SCHÖNHEIT

- Überprüfe die Aufgaben, an denen du gerade arbeitest. Bringen sie einen Nutzen fürs Unternehmen? Sind sie nach außen (für Kunden und andere) sichtbar? Oder nur unnützes »Zierwerk«?
- Vermeide Perfektionismus, der Zeit und Energie frisst und dich von den wirklich wichtigen Dingen abhält.
- Erwarte keine Bestätigung von außen. Mit Sicherheit entscheiden, was relevant ist und was nicht, kannst nur du selbst. Eine gewisse Unsicherheit ist normal.

**DAS ERSTE JAHR**

# 2.2 ZU VIELE IDEEN UMSETZEN: WARUM DU AUCH MAL NEIN SAGEN SOLLTEST

Ich hab noch eine Idee! In Fabians Ohren klingt das wie Musik, wie eine Sonate von Mozart oder ein Gitarrensolo von Prince.

Ideen, Ideen, Ideen. Sie sind der Stoff, aus dem Start-up-Träume gemacht werden. Zu viele Ideen kann man gar nicht haben. Kreative Menschen, und ganz klar sah Fabian sich als solcher, hatten nun einmal dauernd irgendwelche Einfälle. Mal verrückt, mal langweilig. Mal dämlich, mal brillant.

Wer so leidenschaftlich kreativ ist wie Fabian, stellt natürlich auch nur kreative Menschen ein. Er macht schon im Bewerbungsgespräch klar, dass jedes Teammitglied seiner Kreativität freien Lauf lassen könne. Man sei ja nicht so wie die Großkonzerne, in denen alle gleich ticken müssten. So wie die Borgs bei *Star Trek*. Gut, dafür sei die Bezahlung etwas bescheidener und sie hätten auch keine Designermöbel. Aber hey, hier leben wir unseren Traum!

Das hören viele Bewerberinnen und Bewerber gern. Endlich Dinge ausprobieren, ohne gleich zu harten Resultaten verdammt zu sein. Einfach machen, Neues versuchen, eventuell auch scheitern, einen Schritt zurückgehen und erneut starten.

Kreativität ist der Treibstoff für Innovation, für zukunftsstarkes Business. So redet Fabian, wenn er sein Start-up vorstellt. Bei seinen Präsentationen trägt er immer den gleichen Look. Das hat er sich von Zuckerberg, Jobs und Co. Abgeschaut. Kreative Menschen sollten sich neue Ideen ausdenken und nicht über die Farbe ihrer Socken nachgrübeln müssen.

Wie man sich denken kann, brummt es in Fabians Start-up nur so vor Kreativität. Sein Team arbeitet an zahlreichen Projekten. Es sind so viele, dass er den Überblick verloren hat. Aber zählt das? Wer nicht wagt, der nicht gewinnt. Erst gerade, beim Morgenmeeting, hat er zwei weiteren Projekten grünes Licht gegeben. Sein ehemaliger Chef hätte das nie gemacht. Der hätte die Ideen sofort gekillt. So will er nie werden. Eine Spaßbremse, die auf Effizienz, Planung und Relevanz pocht.

Gut, eine der beiden Projektideen hätte er wirklich ablehnen sollen, weil sie wenig neue Erkenntnisse verspricht. Mindestens zwei Teammitglieder werden damit eine Woche lang beschäftigt sein. Eigentlich sollten sie den Launch des Hauptprodukts mit vorbereiten. Aber geht nun leider nicht mehr. Da muss das restliche Launch-Team eben am Wochenende arbeiten. Zur Not wird der Launch verschoben. Die Kunden, die bereits bestellt haben, werden sicher Verständnis zeigen. Kreativität geht nun mal vor.

## WAS HIER SCHIEFLÄUFT: IDEENFEUERWERK ERSETZT EINE VERNÜNFTIGE PROJEKTPLANUNG

Fabian hat da wohl etwas missverstanden. Ein Start-up sollte natürlich Raum bieten, neue Dinge auszuprobieren, zu experimentieren und Wege zu gehen, die in »normalen« Unternehmen auf Stirnrunzeln stoßen würden. Doch die Freiheit, kreativ sein zu können, sollte man nicht zu einer Narrenfreiheit umdeuten.

Gerade weil der Start-up-Alltag so frei gestaltbar erscheint, ist die Versuchung groß, zu viele Experimente zuzulassen. Das passiert sehr schnell. Eine Mitarbeiterin hat die Idee für ein kleines Projekt, das in kurzer Zeit durchführbar scheint. Wider Erwarten erfordert es jedoch mehrere Durchläufe, die viel Zeit verschlingen, und die Auswertung der Ergebnisse gestaltet sich schwieriger als gedacht. Letztlich stirbt das Projekt, bevor es abgeschlossen ist.

## DAS ERSTE JAHR

Mit steigender Zahl solcher vermeintlich überschaubaren Projekte gerät das Start-up in eine Komplexitätsspirale. Immer mehr ist zu tun, immer weniger erkennbar, welches Experiment wirklich einen Unterschied macht. Niemand weiß mehr genau, woran gerade gearbeitet wird, zugleich wachsen Zeitdruck und Stress, weil das Team immer mehr Aufgaben erledigen muss.

Im Alltag sieht das zunächst recht harmlos aus. Leichtfertig winkt die Gründerin, der Gründer neue Projekte durch. Ist doch schnell gemacht, geht locker noch nebenbei, macht ja auch Spaß. Schließlich sind viele Mitarbeitende extra gekommen, weil sie kreativen Spielraum suchen. Da wäre es doch blöd, ihnen diesen zu verweigern. Also dürfen sich alle ausleben, jede halbwegs smarte Idee wird mit Applaus begrüßt und darf umgesetzt werden.

Warum zieht niemand die Reißleine? Ein vernünftiger Mensch wie Fabian sollte doch erkennen können, wann es genug ist mit dem Ideenfeuerwerk? Nun, er erkennt es vielleicht. Er wagt aber nicht, einfach mal Nein zu sagen. Das verstieße gegen seine Vorstellung vom Start-up als kreativer Innovations- und Spaßbude. Er will nicht als Bremser auftreten, sondern als Beschleuniger und Ermöglicher. Deshalb muss aus seiner Sicht jede Idee am besten sofort umgesetzt werden. Wer weiß, was sonst an Potenzial verschenkt würde. Hinzu kommt, dass manche Mitarbeitende für ihre Herzensprojekte sogar ihre Freizeit opfern. Wenn er diese Projekte absägen würde, wäre das fatal für die Motivation.

Doch es ist nicht nur dieser falsche Glaube an die bedingungslose Kreativität. Oft ist auch keine klare Strategie vorhanden. Und falls ja, wird sie wenig beachtet. In beiden Fällen ist die Konsequenz ein recht willkürliches Vorgehen bei der Projektplanung.

**DON'T FAIL**

# SO MACHST DU ES RICHTIG: IDEENAUSWAHL MIT VERSTAND

Du bist nicht dafür da, ständig mit dem Kopf zu nicken. Dein Job als Entrepreneurin, Entrepreneur ist es, dein Unternehmen gut und sicher zu führen. Zu deinen Aufgaben gehört es, Entscheidungen zu treffen. Du entscheidest zum Beispiel: Welche Ideen setzen wir um? Welche aber nicht?

An Ideen wird es in deinem Start-up vermutlich nie mangeln. Das heißt, es besteht immer die Notwendigkeit, vielversprechende Ideen von den weniger aussichtsreichen Ideen zu unterscheiden. Bei der Auswahl hilft dir eure Strategie. Eine Strategie definiert eben nicht nur, was man tun soll, sondern im Umkehrschluss auch, was man nicht tun sollte.

Betrachte dich also als Gatekeeper im Dienste der Strategie. Du lässt nur die Ideen durch, die es wert sind, umgesetzt zu werden, weil sie einen strategischen Nutzen erfüllen. Du wägst genau ab, warum du eine Idee annimmst oder ablehnst. Deine Überlegungen kommunizierst du offen ans Team. Denn wer für seine Idee eine Absage erhält, verdient eine ehrliche und durchdachte Begründung. Ebenso wie du erklären solltest, warum eine andere Idee unbedingt realisiert werden muss.

Gut möglich, dass manche im Team dich trotzdem als Spaßbremse betrachten werden. Aber ist es deine Aufgabe, um jeden Preis für gute Laune zu sorgen? Deine Verantwortung für das Unternehmen lässt kaum zu, dass du es allen recht machen kannst. Du musst Mitarbeitende zudem davor schützen, sich immer mehr Arbeit aufzuladen. Sollten euch die Projekte über den Kopf wachsen, sind am Ende des Tages alle Arbeitsplätze in Gefahr. Dein Team erwartet diese Steuerungsleistung von dir, auch wenn das nicht immer offen artikuliert wird.

## DAS ERSTE JAHR

# KREATIVE ENERGIE GEZIELT LENKEN

Im Prinzip geht es darum, die Arbeit und Entscheidungen im Startup realistisch zu sehen. Es ist keine Insel der kreativen Glückseligkeit, fernab von allen Zwängen der Wirtschaftlichkeit und Marktrationalität. Du bist jeden Tag gefordert, sinnvolle und mitunter harte Entscheidungen zu treffen. Ideen kritisch auszuwählen, heißt ja nicht gleich, weniger Kreativität zuzulassen. Du sorgst vielmehr dafür, die vorhandene kreative Energie des Teams in die richtigen Bahnen zu lenken. So kann sie die größtmögliche Wirkung entfalten – und das sollte im Interesse aller kreativen Menschen sein.

## STRATEGISCHE AUSWAHL STATT IDEENFLUT

- Begreife dich als Gatekeeper, der nur strategisch passende Ideen durchlässt.
- Scheue dich nicht, Nein zu sagen und begründe deine Entscheidung mit Bezug auf eure Unternehmensstrategie, sodass sie für alle Betroffenen nachvollziehbar ist.
- Kanalisiere die Kreativität deines Teams, um das Unternehmen gezielt nach vorn zu bringen.

**DON'T FAIL**

# 2.3 SICH ALS ABSOLUTE AUSNAHME SEHEN: WARUM DU DIR RUHIG ETWAS VON ANDEREN ABSCHAUEN SOLLTEST

Karla war schon immer anders als die anderen. Trugen die anderen Mädchen in der Schule enge Sachen, lief sie in weiten Cargopants und Oversize-T-Shirt herum. Hatten die anderen an der Uni bunte Rucksäcke und coole Notebooks, packte sie Ringbuch und Stifte in einen Stoffbeutel von Edeka. »Du Waldorfschülerin« war noch das Netteste, was ihr nachgerufen wurde.

Auch jetzt, Jahre später, war sie nicht gerade Everybody's Darling, aber das kümmerte sie so wenig wie damals. Immerhin hatte sie es geschafft, mit zwei Co-Foundern ein fettes Start-up auf die Beine zu stellen. Fett bezog sich hier auf das pralle Potenzial ihres Geschäftsmodells, weniger auf die Umsätze, die derzeit eher noch mager aussahen. Doch daran arbeiteten sie mit aller Kraft.

Ihre nächste große Aufgabe war die Webseite. Bei Marketing und Kommunikation kannte Karla sich aus, diesbezüglich war sie von allen im Team die Beste. Die Webseiten der Konkurrenz hatte sie gründlich analysiert: sehr viele Bilder, Videos, Grafiken, wenig Text.

Karlas Urteil war schonungslos: Emotionen wecken, locker und leicht informieren, war schön und gut. Aber das sah doch alles gleich aus und hatte wenig Tiefe. Mainstream trifft Mittelmaß. Einer schreibt vom anderen ab, und am Ende steht bei allen der gleiche Mist.

Sie wollte es ganz anders machen. Wir sind kein Anbieter wie alle andere, wir verstehen unsere Zielgruppe viel besser, wir nehmen die echten Bedürfnisse ins Visier. Deshalb kamen launige Imagefilme, Bilder von glücklichen Menschen und drollige Erklärgrafiken für sie nicht infrage. Ihre Zielgruppe waren Ingenieure: zu 110 Prozent männlich und wenig emotional, die wollen Fakten lesen und nicht mit Fiktionen abgespeist werden.

Also setzte sie auf Text, Text, Text. Abgesehen von den Portraits des Founder-Teams gab es keine Bilder. Gerade einmal ein paar nüchterne Diagramme lockerten die Textstrecken auf. Auf den Produktseiten musste man minutenlang scrollen, um das Textende zu erreichen.

Geile Seite, dachte sich Karla. Wo die anderen nur Fast Food abliefern, servieren wir ein echtes Drei-Sterne-Informationsmenü.

Schwache Performance, sagten die Zahlen. In den Wochen nach dem Launch verharrte die Conversion Rate auf einem mickrigen Niveau.

Kein Problem, verkündete Karla im Teammeeting, lässt sich alles leicht optimieren. Doch drei Iterationsrunden später performte die Seite immer noch unterdurchschnittlich.

Zu hoher Textanteil, schwer zu lesen auf Mobilgeräten, wenig aktivierend, kaum Imagewirkung – solche Kritikpunkte überhörte Karla einfach. Anderssein habe eben seinen Preis. Die Zielgruppe werde schon lernen, das Besondere ihres Unternehmens zu verstehen. Sie arbeitete schon an einer längeren Pressemitteilung dazu.

## WAS HIER SCHIEFLÄUFT: IGNORIEREN VON BEST PRACTICES MINDERT DIE ERFOLGSCHANCEN

This time it's different. Diesmal ist alles anders. Da mag es noch so viele Gründe geben, warum man so ist wie die anderen und wie sie handeln sollte. Nein, man sieht sich lieber als Ausnahme, für die übliche Erfahrungswerte und Regeln nicht gelten. Wäre ja noch schöner, wenn man sich an Mitbewerbern orientieren würde.

## DON'T FAIL

Doch, es wäre besser, dies zu tun. Denn wer Best Practices, also die erfolgreichen Beispiele anderer Unternehmen, ignoriert, sondern stattdessen einen ganz eigenen Weg einschlägt, handelt grob fahrlässig. Er betritt Neuland und kann dabei nicht von den Erfahrungen anderer Unternehmen, die dem eigenen ähnlich sind, profitieren.

In Karlas Fall geht es um einen ganz anderen Webseitenauftritt. Sie macht einfach das Gegenteil von dem, was der Rest der Branche tut. Sie hinterfragt nicht, ob bestimmte Gemeinsamkeiten der Wettbewerberwebseiten nicht ihren guten Grund haben. Zum Beispiel verkennt sie, dass die meisten Menschen heutzutage auf ihrem Smartphone nach Informationen suchen. Sehr textlastige Webseiten sind hierfür wenig geeignet. Der Text ist auf dem kleinen Display meistens nur mühsam zu lesen.

Sie versteht auch nicht, dass das sehr ähnliche Wording der Wettbewerber nichts mit Einfallslosigkeit zu tun hat. Es geht um leichte Verständlichkeit beim Beschreiben von Produkten und Leistungen. Die Formulierungen sind deshalb so ähnlich, weil sie sich bei der Zielgruppe bewährt haben.

Zudem geht Karla davon aus, dass ihre Zielgruppe gerne Unmassen von Informationen hätte. Dass (männliche) Ingenieure gerne alles fundiert erklärt haben möchten, mag zutreffen. Aber ginge das nicht auch mit einem Video oder einer Grafik? Immerhin setzt die Konkurrenz auf diese Medien und erzielt offenbar bessere Ergebnisse mit ihren Webseiten.

Für Gründerinnen und Gründer ist der Gedanke manchmal nur schwer zu ertragen, sich kaum vom sogenannten Mainstream zu unterscheiden. Aber das ist die Realität. Die allermeisten Start-ups sind nicht einzigartig. Sie heben sich nur durch bestimmte Details von ihren Mitbewerbern ab. Daher ist auch naheliegend, die Erfahrungen und Vorgehensweisen dieser ähnlichen Unternehmen als Orientierungsmaßstab zu nutzen.

Best Practices sind ideal hierfür. Sie ersparen jungen Start-ups zeit- und kraftraubende Eigenversuche. Sie erlauben ein Lernen aus Fehlern ohne großes Risiko. Sie können eine Kopiervorlage für den eigenen Erfolg liefern.

## SO MACHST DU ES RICHTIG: LERNEN VON DEN BESTEN

Warum sollte ausgerechnet bei mir alles anders sein? Frage dich das in einer stillen Stunde, falls du tatsächlich glaubst, gegen den Strom schwimmen zu müssen. Wenn du zum Beispiel einen Online-Store betreibst, wird es wenig sinnvoll sein, die gewohnten Strukturen und Prozesse zu ändern. Die typische Kundin erwartet nun einmal, dass es einen Warenkorb gibt und dieser auch so heißt. Der typische Kunde wird auch ungern lange suchen müssen, weil deine Produktkategorien unklar definiert sind.

Wir sind kein Store wie jeder andere – dieses Argument mag in deiner Außenkommunikation gut ziehen, sollte aber nicht zum Verstoß gegen die Basics deines Business führen. Anderssein darf kein Selbstzweck sein und in irrlichternden Alleingängen enden.

## KOPIEREN IST BESSER ALS EXPERIMENTIEREN

Schau Dir ruhig von anderen ab, wie sie ihr Geschäft betreiben. Wenn du ein Café eröffnen wolltest, würdest du dich ja auch an erfolgreichen Vorbildern orientieren, die dich von Atmosphäre, Einrichtung und Service her ansprechen. Warum sollte das bei deinem Start-up anders sein?

Es geht darum, dass du Dinge besser machst als die anderen, nicht einfach nur anders. Darum solltest du Funktionierendes kopieren und dann gegebenenfalls optimieren. Du schaust dir ab, wie es geht, und machst es besser. Das Denken in Ausnahmen würde bedeuten, dass du ohne verlässlichen Vergleichsmaßstab irgendetwas ausprobierst. In Einzelfällen, also bei extrem innovativen Projekten oder Geschäftsmodellen, mag das vertretbar sein. In der Regel wirst du aber insgesamt besser fahren, wenn du dir Best Practices als Vorbild nimmst.

Du unterscheidest dich dann von den anderen, indem du schneller, smarter, sorgfältiger bist. Dieser Unterschied kann aus einer Vielzahl von Details bestehen oder vielleicht sogar nur in einem Aspekt liegen, der für deine Zielgruppe aber umso bedeutender ist. Ein besonders attraktives Preismodell zum Beispiel oder eine intuitivere Bedienung.

## GUTES NACHMACHEN UND KONSEQUENT OPTIMIEREN

- Sieh dein Business nicht als Ausnahme, sondern als Chance, besser zu sein als der Wettbewerb.
- Orientiere dich an den Best Practices vergleichbarer Unternehmen und scheue dich nicht, funktionierende Prozesse zu kopieren.
- Optimiere das Gelernte, um für deine Zielgruppe einen spürbaren Vorteil zu erzielen, der deine Leistung unverzichtbar oder sogar einzigartig macht.

**DAS ERSTE JAHR**

# 2.4 DIE FALSCHEN KAPAZITÄTEN AUFBAUEN: WARUM DU DICH AUF DAS WICHTIGSTE KONZENTRIEREN SOLLTEST

Sören und Latifa würden am liebsten die Korken knallen lassen. Gerade kam die Zusage eines Investors, der so viel Geld in ihr Start-up pumpen wird, dass sie täglich in Schampus baden könnten. Das werden sie natürlich nicht machen, sondern jeden Cent in ihr Business investieren.

Das meiste Geld soll ins Personal fließen. Softwareentwicklung braucht nun einmal Entwicklerinnen und Entwickler, und die sind mittlerweile richtig teuer geworden. Fachkräftemangel ist nicht nur im braven Mittelstand ein Riesenthema. Auch in der Start-up-Szene kämpft man darum, die besten Leute zu finden und zur Unterschrift unter einen Arbeitsvertrag mit knackigen Konditionen zu bewegen.

Die beiden Gründer sind mit ihrem Start-up extra von Lübeck nach Berlin gezogen, weil es einfacher schien, dort gute Leute aus aller Welt zu rekrutieren. Seitdem konnten sie aber niemand einstellen, da das Budget fehlte.

Jetzt haben sie die Mittel, sich ein richtig gutes Team aufzubauen. Bislang erledigten sie zu fünft alle nötigen Aufgaben. Jeder von ihnen hatte mehrere Hüte auf, zum Beispiel Marketing, Buchhaltung und Projektmanagement. Das führte zu einer hohen Arbeitsbelastung und dem blöden Gefühl, jeder Aufgabe nur halbherzig nachzugehen, weil fundierte Kompetenz auf dem jeweiligen Gebiet fehlte.

Wir holen uns die besten Expertinnen und Experten, sagt Sören. Jemand für die Entwicklung, aber auch fürs Marketing, fürs Webdesign, fürs Recruiting, fürs Accounting und so weiter. Dann sind wir gut aufgestellt.

Latifa ist hin- und hergerissen. Sie findet Spezialisierung ja auch richtig gut. Aber werden die neuen Leute wirklich ausgelastet sein?

Wir haben doch noch so viel vor und wachsen und wachsen, wendet Sören ein. Außerdem ist genug Geld da. Bislang mussten alle Generalisten sein, ging doch kaum anders. Damit ist jetzt Schluss. Wenn wir als Unternehmen erfolgreich sein wollen, brauchen wir diese ganzen Kompetenzen.

Latifa nickt erst. Aber was ist mit der Softwareentwicklung? Sollten wir da nicht alle Energie hineinstecken und deshalb erst einmal nur Entwicklerinnen und Entwickler einstellen?

Sören schweigt. Nun ja, aber dann sitzen wir beide weiterhin an Dingen, von denen wir eigentlich keine Ahnung haben.

Schon was mal von Outsourcing gehört, fragt Latifa.

Sören rollt die Augen. Also dann können wir uns ja gleich selbst outsourcen!

## WAS HIER SCHIEFLÄUFT: DURCH VERFRÜHTEN AUFBAU VON NEBENKOMPETENZEN WIRD DIE KERNKOMPETENZ VERNACHLÄSSIGT

Alles selbst machen. Inhouse is best. Nur dem eigenen Know-how vertrauen. Solche Gedanken leiten Sören wohl bei seinen Planungen. Latifa ist da etwas skeptischer und denkt übers Outsourcing von bestimmten Aufgaben nach. Wer von den beiden liegt richtig?

Die einzig wahre Antwort oder Vorgehensweise gibt es hier nicht. Es kann große Vorteile haben, wenn man intern über kompetente Spezialistinnen und Spezialisten verfügt. Sie können sich voll auf ihre Aufgabe konzentrieren und sind mit dem Unternehmen vertraut. Externe Kräfte dagegen muss man genauestens briefen, sie sind aber vielleicht nicht immer so motiviert und loyal wie interne Mitarbeitende.

Die Frage ist nur, ob man sich das Einstellen der Profis leisten kann und will. Es kostet nicht nur eine Menge Budget, es kann auch dazu führen, dass die Konzentration auf die Kernkompetenz des Start-ups verloren geht.

Man stelle sich nur einmal vor, was passieren würde, wenn im kleinen Unternehmen von Sören und Latifa für jede Tätigkeit ein Spezialist eingestellt werden würde. Sicherlich würden die Spezialisten fleißig arbeiten – an Projekten, die sie sich auch ohne dringenden Bedarf selbstständig suchen. Folglich werden eine Menge Nebenkriegsschauplätze eröffnet, die nach und nach wertvolle Aufmerksamkeit des Unternehmens verschlingen.

Gleichzeitig wären zu wenige Menschen im Team, die sich mit der Entwicklung neuer Produkte befassen. Das Business käme so nicht voran, Einnahmen blieben aus, die Enttäuschung der Investoren wäre groß. Die oft gehörte Empfehlung, sich auf die Kernkompetenzen zu konzentrieren, ist also berechtigt. Im Zweifelsfall fährt man so am besten, denn es lohnt sich immer, in die Stärken zu investieren.

Timing ist aber auch entscheidend. Ab einer bestimmten Größe des Start-ups ist es durchaus sinnvoll, andere Kompetenzen gezielt auszubauen. Nur ergibt es in den meisten Fällen eben keinen Sinn, schon frühzeitig bei einem kleinen Team von fünf oder sechs Mitarbeitenden eine Marketing- oder Personalleitung in Vollzeit zu installieren.

## SO MACHST DU ES RICHTIG: OUTSOURCING UND NACHAHMUNG ALS STRATEGIE

Es gibt zwei Wege, wie du mit der Frage des Kompetenzaufbaus umgehen solltest. Zum einen bietet sich Outsourcing an, zum anderen das Kopieren von bewährten Vorgehensweisen.

**DON'T FAIL**

Outsourcing heißt hier, dass du externe Kräfte mit bestimmten Aufgaben betraust, für die du intern nur wenig oder überhaupt keine Kapazitäten hast. Auf Plattformen wie Upwork oder Fiverr findest du Expertinnen und Experten, die in den meisten Fällen remote für dich arbeiten. Es ist auch eher unwahrscheinlich, dass du direkt bei dir um die Ecke jemand auftreibst, der bezüglich Preis und Leistung optimal ist.

So kannst du Aufgaben wie Design und Programmierung deiner Webseite, Personalbuchhaltung oder Kundenservice auslagern. Die Zusammenarbeit mit freien Dienstleistern will jedoch gut geplant und gesteuert sein. Du solltest entsprechende Zeit für die Projektplanung aufwenden. Wichtig ist ebenfalls, dass du alle Erwartungen klar formulierst, am besten in einem schriftlichen Briefing. Sonst arbeitet die Auftragnehmerin eventuell drauf los, ohne genau zu wissen, worauf es dir ankommt.

Falls du jetzt denkst, wenn das Resultat nicht stimmt, wird eben nachgebessert: Die Zahl der Überarbeitungsrunden ist beim Outsourcing in der Regel niedriger als bei internen Projekten. Aufwand und Budget werden vorher abgestimmt und lassen nur wenig Spielraum für Extrarunden.

Du merkst, es gehört schon etwas Übung und Geschick dazu, um von einem Outsourcing profitieren zu können. Doch es lohnt sich, gerade in der Anfangsphase auf diesen Weg zu setzen, um gleichzeitig Qualität und Agilität zu wahren.

# COPYCATS WELCOME

Das Thema Kopieren statt Selbstmachen hatten wir bereits im vorherigen Kapitel. Du kannst es auch »lernen von den anderen« nennen. Das heißt, du musst zum Beispiel bei Marketing und Kommunikation nicht das Rad neu erfinden. Orientiere dich an den

Webseiten, Flyern, Messeständen anderer Unternehmen. Was funktioniert, machst du nach. Selbstverständlich nicht in identischer Form, sondern variiert und, wenn möglich, optimiert.

Kreativ sein ist schön, aber kreatives Design einfach einzukaufen, ist oftmals günstiger. Ansprechende Templates für Präsentationen und vieles andere findest du zum Beispiel auf Plattformen wie Envato.

Du kannst dich auch umhören, wie andere Start-ups ihr Outsourcing betreiben. Welche Leistungen kaufen sie wo ein? Wie steuern sie ihre Externen? Wo hakt es gerne einmal, was läuft rund? Diese Erfahrungen helfen dir weiter. »Great artists steal«, sagt man. Gute Start-ups tun das auch. Wie in der Kunst geht es dabei aber nicht um Diebstahl, sondern um Inspiration und Orientierung.

## KERNKOMPETENZ STÄRKEN STATT SCHWÄCHEN

- Baue in der Anfangsphase gezielt deine Kernkompetenz aus. Alles andere ist Beiwerk.
- Lagere Kompetenzen, die fürs Business nicht direkt relevant sind, nach Möglichkeit aus.
- Kopiere funktionierende Vorgehensweisen anderer Unternehmen, um dir zeitaufwändige Eigenentwicklungen zu ersparen.

## 2.5 WENIG INTERNE TRANSPARENZ: WARUM DU KEINE SHOW AUFFÜHREN SOLLTEST

Wenn er doch nicht immer so laut werden würde. Dieses Geschrei nervte sie gewaltig. Damit wollte er wohl besonders emotional und euphorisch wirken. Aber musste man dafür die dreifache Lautstärke eines Dyson-Staubsaugers erreichen?

Seit drei Monaten arbeitete Wanda jetzt schon hier. Ihr erster Start-up-Job, vorher hatte sie von freien Aufträgen gelebt. Sie genoss es, jeden Morgen zur Arbeit zu gehen, das brachte Routine in ihr unstetes Leben. Sie war sich aber unsicher, ob der Alltag, den sie in diesem Start-up erlebte, tatsächlich so alltäglich und normal war.

Für ihre Verunsicherung gab es einen Grund, und der hieß Marius. Er war einer der drei Gründer, spielte sich aber als der absolute Alleinherrscher auf, wie sie fand. Schon die erste Begegnung mit ihm war krass gewesen. Er hatte sie gefühlt eine Minute lang angestarrt, als suchte er etwas in ihrem Gesicht. Ohne ein Wort hatte er sich umgedreht und war gegangen. Du hast den Test bestanden, hörte sie später von den anderen im Team. Das mache er immer so mit Neulingen.

Marius hatte ein großes Vorbild, das lernte sie schnell: Er bewunderte Steve Jobs. Er hatte Bücher, Filme, YouTube-Videos verschlungen und jedes Wort inhaliert, das Jobs bei seinen berühmten Präsentationen von sich gegeben hat. Er imitierte seine Gestik, seine Sprechweise. Wanda und zwei ihrer Kollegen machten sich einen Spaß daraus, nach jeder von Marius großen Reden vorm Team die entsprechenden Szenen und Zitate zu suchen. Zum Teil orientierte sich Marius nämlich gar nicht am echten Steve, sondern an den Schauspielern, die diesen in Verfilmungen seines Lebens verkörperten. War das jetzt Ashton Kutcher oder eher Michael Fassbender?

Marius war in seiner Rolle als Steve Jobs keine ganz so hochkarätige Besetzung, wie sie immer wieder feststellen musste. Er schrie, um sein Team anzufeuern, und stieg dabei schon mal auf einen Tisch. Er malte in markigen Worten den Untergang des Unternehmens aus, falls die neue Deadline nicht eingehalten würde. Er nahm eine Denkerpose ein, wenn Fragen zur weiteren Strategie kamen.

Overacting nennt man das im Schauspielfach. Heiße Luft produzieren nennt man das in Start-up-Kreisen. Wanda hatte schnell herausgefunden, dass seine Deadlines so künstlich waren wie seine Posen.

Sie fragte sich, was da wirklich lief – in seinem Kopf und hinter den Kulissen. Wann würde es statt filmreifer Auftritte und Sprüche endlich mal ehrliche Ansagen und Antworten geben?

## WAS HIER SCHIEFLÄUFT: MANGELNDE OFFENHEIT UND EHRLICHKEIT FRUSTRIEREN DAS TEAM

Marius mag ein extremes Beispiel sein. Die wenigsten Gründerinnen und Gründer treten im Alltag als Steve-Jobs-Verschnitt oder Elon-Musk-Kopie auf. Doch im Kern ist das Problem in vielen Start-ups ähnlich gelagert: Es wird zu wenig und zu unaufrichtig kommuniziert und geführt. Die Gründerin verschweigt schlechte Nachrichten und führt stattdessen eine Show auf, in der alles so läuft wie geplant. Der Gründer glaubt, sein Team mit knapp gesetzten Zielen motivieren zu müssen.

Was steckt dahinter? Generell geht es um Unsicherheit bei Führung und Kommunikation. Vor allem aber geht es um falsche

»Als Gründerin oder Gründer bist du immer auch Führungskraft.«

## DAS ERSTE JAHR

Vorstellungen davon, wie der Alltag in einem Start-up laufen sollte. Der bereits erwähnte Irrglauben, dass jede kreative Idee sofort umgesetzt werden müsse, gehört ebenfalls dazu. Gründerinnen und Gründer möchten jederzeit unfehlbare Vorbilder für ihr Team sein. Glauben, dass schlechte Nachrichten ihre Mitarbeitenden demotivieren würden, dass allzu positive News wiederum die Schaffenskraft bremsen könnten.

Diese Zerrbilder vom Start-up-Alltag führen zu den merkwürdigsten Verhaltensweisen. So wie im Marius-Beispiel werden plötzlich Deadlines erfunden, um das Team unter Druck zu setzen. Dahinter steht im Grunde die pure Verzweiflung. Man täuscht vor, einen Plan zu haben, und hofft, dass es keinem auffällt. Es sind ja alle derart beschäftigt, die Deadline einzuhalten, dass die Zeit zum Nachdenken fehlt. Aber das ist ein Irrtum. Clevere Geister wie Wanda durchschauen das Spiel schnell. Das führt zu einer Menge Frust. Erreicht wird so das genaue Gegenteil vom Erhofften, nämlich Demotivation.

Die Mitarbeitenden fühlen sich sprichwörtlich verarscht und manipuliert. Da kann die Show der Gründerin oder des Gründers noch so gut sein. Früher oder später wird sie durchschaut. Was bleibt, ist dann der Eindruck: Ach, die (oder der) tut nur so. Damit diskreditiert sich jede Führungsperson auf Dauer selbst. Egal, was sie oder er sagt, es wird als unehrlich und aufgesetzt wahrgenommen. Jedes Lob, jede Kritik, jedes Feedback gerät unter Generalverdacht.

Mangelnde Gelegenheiten, Fragen zu stellen und ehrliche Antworten zu erhalten, tragen ebenfalls zur Frustration bei. Gerade in der Anfangsphase eines Start-ups müssen die Mitarbeitenden sich mit vielen Unzulänglichkeiten arrangieren. Die Bezahlung ist möglicherweise unterdurchschnittlich und die Organisation teils noch chaotisch. Als Ausgleich sollten sie aber erwarten können, offen und ehrlich informiert zu werden. Wohin geht die Reise? Welche Hindernisse erwarten uns? Wie sieht die aktuelle Wetterlage aus? Wer hier als Kapitänin oder Kapitän nur Seemannsgarn spinnt, dem springen die Leute von Bord.

## SO MACHST DU ES RICHTIG: AUTHENTIZITÄT SCHAFFT GLAUBWÜRDIGKEIT

Wir alle spielen Rollen, das ist ganz normal. Es kommt darauf an, wie gut wir diese Rollen erfüllen. Wirken wir authentisch in ihnen? Machen wir also einen glaubwürdigen Eindruck auf andere?

Als Gründerin beziehungsweise Gründer bist du immer auch Führungskraft. In dieser Rolle musst du ebenfalls überzeugen. Menschen zu führen wird uns nicht in die Wiege gelegt. Wir müssen es lernen. Lebenserfahrung hilft hierbei, Vorbereitung durch Schulung und Training auch, aber wir lernen es erst wirklich in der Praxis.

Wenn du also zum ersten Mal überhaupt in der Führungsrolle bist, stehen dir viele, viele Lernerfahrungen bevor. Es ist keine Schande, in dieser Situation Fehler zu machen. Du wirst nicht immer den richtigen Ton treffen, du wirst Dinge zu spät oder zu früh kommunizieren, du wirst missverstanden werden oder dich zumindest so fühlen. Erliege nicht der Versuchung, deine mangelnde Erfahrung durch Aktionismus und Showauftritte zu überspielen.

## REGELMÄSSIGE INFORMATION IST EIN GUTER ANFANG

Authentische Führung ist ein weites Feld. Ich kann dir hier nur einen kleinen Ausschnitt vermitteln. Meine Empfehlung: Beginne mit transparenter Kommunikation über die Geschäftsentwicklung im Rahmen eurer regelmäßigen Meetings. Du informierst über das

Geschehen, das Team kann Fragen stellen, du antwortest so offen wie möglich. Tabu sind persönliche Mitarbeiterangelegenheiten. Konzentriere dich auf die zentralen Kennzahlen (KPIs), um keine Verwirrung zu stiften. Kündige Prozessänderungen an und erkläre, warum sie nötig sind. Nutze die »Outside-in«-Perspektive: Wie sieht uns die Kundin, der User? Welchen Nutzen bringen wir ihr, ihm? So machst du klar, dass das Team nicht für das Management oder die Gesellschafter arbeitet, sondern für die Zielgruppe.

Auf diese Weise schaffst du eine gute Vertrauensbasis. Dein Team merkt, dass du ehrlich bist und dich nicht verstellst. Wie bereits gesagt, Shownummern werden leicht durchschaut und sind dazu auch noch für dich viel anstrengender. Eine manipulierende Kommunikation würde zudem die Unternehmenskultur negativ prägen. Sie verschreckt gute Mitarbeitende, zieht aber die falschen Mitarbeitenden an. Solche nämlich, die nicht gern mitdenken und lieber stur Anweisungen ausführen. Willst du solche etwa?

## TRANSPARENZ STATT BLENDWERK

- Gib dich in deiner Führungsrolle als Mensch mit Stärken und Schwächen. Spiele nichts vor, was du nicht bist.
- Informiere deine Mitarbeitenden offen und ehrlich in regelmäßigen Meetings.
- Unterstütze eine Unternehmenskultur, in der alle mitdenken und sich ernstgenommen fühlen. Ein Klima der Transparenz hilft hierbei.

**DON'T FAIL**

# 2.6 WILLKÜRLICH KUNDENFEEDBACK EINHOLEN: WARUM DU KOMMENTARE IM KONTEXT SEHEN SOLLTEST

Wie holt man sich richtig gutes Feedback von Kundinnen und Kunden? Als ich noch bei Enscape war, meinem Start-up für Architektursoftware, stand für mich zunächst fest, dass persönliches Feedback am wertvollsten war. Das hieß: direkt mit den Leuten sprechen, die unser Produkt aktuell nutzten oder in Zukunft nutzen würden. Besser noch mit den Expertinnen und Experten in dieser Zielgruppe, denn die waren sicher repräsentativ für alle. Und wo begegnete man diesen Menschen? Aus meiner damaligen Sicht war der beste Treffpunkt hierfür auf hochkarätigen Events.

Also reisten mein Co-Founder Moritz und ich zu den Top-Messen der Architekturbranche. Enscape entwickelte ja eine Software, um Bauprojekte virtuell erlebbar zu machen. Daher war es unser Ziel, mit den Menschen zu reden, die in der Branche als Tech-Gurus galten. Diese Cracks würden uns genau erzählen können, was läuft und was nicht. Unbezahlbares Feedback, dachten wir.

Ein Trip führte uns nach Las Vegas, dem Hotspot nicht nur für Glücksspiel und Entertainment, sondern auch für die größten Tech-Messen der Welt. Dort wurden wir fündig. Wir trafen genau die Leute, die uns vorschwebten. Coole Architektur-Geeks, die der Branche ein paar Schritte voraus zu sein schienen. Sie mochten unsere Ideen und Produkte, gaben uns Tipps, wie wir sie optimieren könnten, formulierten Wünsche für künftige Features, die ihrer Meinung nach ein absolutes Muss wären. Wir notierten uns jeden Hinweis, bedankten uns für all die tollen Ratschläge und reisten überglücklich heim ins weit weniger illustre Karlsruhe.

**DAS ERSTE JAHR**

Zurück im Alltag wollten wir die Wunschlisten der Tech-Evangelisten brav umsetzen. Noch besseres Kundenfeedback konnte man doch kaum kriegen, oder? Glücklicherweise verließen wir uns nicht nur auf diese Top-Feedbacks: Auf unserer Webseite gab es eine Wunschliste, auf der unsere Nutzerinnen und Nutzer ihre Vorschläge machen konnten. Außerdem hatten wir dort ein Forum eingerichtet, in dem über unsere Produkte diskutiert wurde.

Das Feedback der Kundinnen und Kunden, die unsere Online-Wunschliste beziehungsweise das Forum nutzten, unterschied sich signifikant von dem der Las-Vegas-Geeks. Die normalen User wünschten sich keine Fülle an »shiny cool features«. Sie suchten praktische Funktionen, die sie in ihrem Arbeitsalltag unterstützten. Sehr ernüchternde Erkenntnisse waren das für uns und wir überdachten das mit dem guten Kundenfeedback noch einmal.

# WAS HIER SCHIEFLÄUFT: EINZELFEEDBACKS WIRD ZU VIEL GEWICHT GEGEBEN

Nichts gegen persönliches Feedback. Es ist wunderbar, sich direkt mit einem Kunden auszutauschen. Schön Sie zu treffen, ich habe da ein paar Optimierungsideen für Sie. Es macht einen stolz, von einer Kundin im Gespräch gelobt zu werden. Tolles Produkt, macht richtig Spaß, damit zu arbeiten. Ehrlich gesagt sollte man solche Einzelmeinungen aber nicht überbewerten. Es sind momentane Eindrücke, die beeindrucken können, aber schnell zu Fehlschlüssen führen.

Man erinnert sich zum Beispiel gerne an das nette Messegespräch mit diesem Kunden aus Osnabrück. »Der Walter« hatte das alles so enthusiastisch auf den Punkt gebracht. Was man besser machen könnte, wie er sich die neue Produktversion vorstellte und so weiter. Nur sollte seine Meinung wirklich maßgeblich sein?

**DON'T FAIL**

Was ist mit all den anderen Verwenderinnen und Verwendern, die nicht auf der Messe waren, aber jeden Tag das Produkt nutzten?

Auf Messen begegnet man in kurzer Zeit einer Vielzahl verschiedenster Menschen aus einer Branche. Solche Begegnungen sind jedoch sehr durch das direkte menschliche Miteinander geprägt. Man möchte nett zueinander sein, nichts Falsches sagen, das Gegenüber gut aussehen lassen. Die Produktfeedbacks fallen oft dementsprechend oberflächlich aus.

Eingefleischte Expertinnen und Experten der Branche mögen da teils weniger diplomatisch sein und auch mal Kritik üben. Aber auch hier sollte man vorsichtig sein, wie das Enscape-Beispiel zeigt. Geeks können das Produkt sehr gut beurteilen, sie haben aber meistens einen Fokus, der nicht dem des Großteils der Zielgruppe entspricht. Weil sie Pioniere ihres Feldes sind, schlagen sie gerne Erweiterungen vor, die im normalen Anwendungsalltag von geringerer Bedeutung und womöglich ihrer Zeit um Längen voraus sind. Sie führen das Start-up so auf falsche Fährten – hin zur Extravaganz, weg von der Relevanz.

Echte Kundennähe ist das nicht. Sie würde bedeuten, dass man bemüht ist, eng an den Wünschen und Bedürfnissen der gesamten Zielgruppe zu sein. Nicht durch punktuelle Feedbacks wie Gespräche auf Messen und Events, sondern durch kontinuierliche Messung und Auswertung der Zufriedenheit.

## SO MACHST DU ES RICHTIG: STRUKTURIERTES FEEDBACK ALS LÖSUNG

Wie erhebst du Feedback so, dass es besonders ehrlich und aussagekräftig ist? Ein systematisches Vorgehen ist wichtig. Sammle alle Feedbacks, die euch telefonisch, per E-Mail oder Social Media erreichen. Eure Hotline (falls ihr eine habt) sollte also alle

Anrufe protokollieren. Automatische Umfragen, Foren, Trello-Boards und andere Interaktionsmöglichkeiten sind weiterhin sinnvoll, um Meinungen einzuholen. Entscheidend hierbei ist, dass diese Feedbackprozesse weitgehend automatisiert ablaufen.

Das hat mehrere Vorteile: Du musst dich nicht selbst aktiv um die Feedbacks bemühen, also Termine machen, Gespräche führen, Notizen anfertigen. Sondern die Feedbacks kommen in großer Zahl zu dir. Das spart Zeit und sorgt vor allem für eine statistisch relevante Menge an Meinungsäußerungen. Einzelfeedbacks, wie Messegespräch oder Kundentermin, fallen nicht mehr so ins Gewicht.

Ein weiterer Vorteil ist der Umstand, dass Menschen in der Regel ehrlicher sind, wenn sie aus der Distanz urteilen können und dir nicht persönlich gegenüberstehen. Es ist viel einfacher, seine Meinung in ein Keyboard zu tippen, als sie einem anderen ins Gesicht zu sagen.

## WÜNSCHE DER ZIELGRUPPE VERANSCHAULICHEN

Aus den systematisch gesammelten und ausgewerteten Feedbacks kannst du dann zum Beispiel eine Liste mit den Top-10-Pain-Points erstellen, also den zehn größten Problemen oder Wünschen der Anwenderinnen und Anwendern. Diese Liste solltest du regelmäßig aktualisieren, beispielsweise einmal im Quartal. Teile sie mit dem Team, damit alle vor Augen haben, was die Zielgruppe bewegt. Auch dies entspricht der bereits erwähnten »Outside-in«-Perspektive (siehe vorheriges Kapitel). Die Mitarbeitenden verstehen besser, wofür und für wen sie arbeiten: nicht für dich oder die Unternehmenszahlen, sondern für die Zielgruppe.

Persönliches Feedback solltest du aber natürlich trotzdem noch einholen. Schließlich wirst du nicht auf Messebesuche und anderes verzichten wollen, weil du dort direkt auf Menschen triffst, die deine Branche und idealerweise auch deine Produkte kennen. Mit diesem Feedback kannst du das systematisch erhobene Meinungsbild anreichern, zum Beispiel indem du es per Video aufzeichnest und im nächsten Teammeeting zeigst.

Feedback systematisch zu erfassen, zu strukturieren und zu analysieren macht zu Anfang viel Arbeit, weil du die entsprechenden Prozesse einrichten musst. Doch der Aufwand zahlt sich aus, wie du schnell merken wirst. Dank der Automatisierung läuft alles leichter. Du gewinnst ein klareres Bild von dem, was deine Kundinnen und Kunden wirklich suchen, und kannst deine Produkte gezielt optimieren und erweitern.

## MIT SYSTEM STATT PER ZUFALL

- Verlasse dich nicht auf einzelne Meinungen, selbst wenn es sich um die von Expertinnen und Experten handelt. Subjektivität kann dich auf die falsche Fährte führen.
- Erhebe automatisiert und strukturiert Feedback von deinen Kundinnen und Kunden, um so ein ehrliches und empirisch fundiertes Meinungsbild zu erhalten.
- Mache die Ergebnisse für das ganze Team transparent und greifbar, zum Beispiel durch eine Top-10-Liste.

**DAS ERSTE JAHR**

# 2.7 SICH ZU STARK AUF BESTANDS-KUNDEN KONZENTRIEREN: WARUM DU UNBEDINGT NEUES WAGEN SOLLTEST

Was werden unsere Kunden sagen? – Lena zermarterte sich seit Tagen den Kopf über diese Frage. Sie kannte viele ihrer bestehenden Kundinnen und Kunden persönlich, hatte öfters Kontakt mit ihnen, hörte sich ihre Erfahrungen an, gab Tipps für die Nutzung der Software. Ehrlich gesagt war die Zahl der User noch nicht besonders hoch, da konnte sie tatsächlich fast jede und jeden mit Namen kennen.

Es ging um das User Interface. In den letzten Wochen hatte Lenas Team intensiv an einer neuen Version gearbeitet. Rodrigo, ihr neuer Chefentwickler, hatte zahlreiche Schwächen des aktuellen UI erkannt und ausgemerzt. Die neue Version war praktisch fertig und konnte mit dem neuen Update der Software zum Einsatz kommen.

Doch was, verdammt noch mal, würden die Nutzerinnen und Nutzer davon halten? Lena wusste, wie hoch die aktuelle Zufriedenheit war. Nach den üblichen Anfangsschwierigkeiten hatten sich die meisten in die Nutzung der Software eingearbeitet. Und sie hatten sich auch an das etwas sperrige Design der Nutzeroberfläche gewöhnt. Einige lobten es sogar als »Old-School-Look«.

Old School war nicht gerade das, was Lena vorschwebte, wenn sie an die Zukunft ihres Start-ups dachte. Das aktuelle UI war als Übergangslösung geplant, sie wollten es schrittweise optimieren. Doch dann kamen immer wieder andere Probleme dazwischen, die angegangen werden mussten. Die Nutzer konnten mit dem UI arbeiten, insofern schien kein dringender Handlungsbedarf zu bestehen. Rodrigo sah das anders. Ihm fielen sofort zahlreiche Macken auf. Und den Look fand er unterirdisch. Das sorgte anfangs für Lacher im Team, doch nach und nach setzte sich seine Meinung durch. Ein besseres UI musste her, um noch mehr Kunden gewinnen zu können.

Was tun? Lena diskutierte die Sache mit Frank. Der hatte zuvor bei einem großen Wettbewerber gearbeitet und brachte viel Erfahrung aus der Corporate-Welt ein. Frank riet ihr von einem komplett neuen UI ab. Das würden die Kunden niemals schlucken, sondern Ärger geben. Das war damals bei seinem ehemaligen Arbeitgeber genauso gewesen. Sie hatten nur ein paar kleine Veränderungen bei der Bedienung vorgenommen und schon war ein Shitstorm losgebrochen.

Lena fühlte sich bestätigt. Bestandskunden verprellen, das ging überhaupt nicht. Sie mussten eine Lösung finden, die beides ermöglichte: die treuen Anwenderinnen zufriedenstellen und neuen Anwendern eine bessere Bedienung bieten. Konnte man nicht einfach beide Versionen des UI parallel laufen lassen? Irgendwie?

## WAS HIER SCHIEFLÄUFT: ORIENTIERUNG AM STATUS QUO BEHINDERT DIE INNOVATION

Wenn ein Start-up frisch an den Start geht, ist es erst einmal glücklich über jeden Kunden, der den eigenen Produkten und Leistungen Vertrauen schenkt. Verständlicherweise kann das zu einer hohen Verbundenheit führen. Man orientiert sich an den Wünschen und Bedürfnissen dieser Erstkunden und schöpft Anregungen aus deren Feedbacks. Allzu schnell werden die Meinungen der Bestandskunden aber zum allgemein gültigen Bewertungsmaßstab erhoben. Diese Sichtweise kann fatal sein, denn eventuell bilden die aktuellen Kundinnen nur einen kleinen Teil der Zielgruppe ab. Unter Umständen hat ein Start-up zu Beginn vielleicht nur 0,5 Prozent der Kunden, die es in den nächsten Jahren gewinnen will.

## DAS ERSTE JAHR

Anders gesagt: Die Kunden, die man in der Anfangsphase gewinnt, gleichen nicht zwangsläufig den späteren Kunden. Sie haben eine gute Behandlung und auch Dankbarkeit verdient. Doch sie dürfen das Start-up nicht davon abhalten, Neues zu wagen.

Lena fühlt sich ihren bestehenden Kundinnen verpflichtet, sie zögert, Neuerungen umzusetzen, die sie im Prinzip für richtig hält. Derart in Verlegenheit gekommen sucht sie nach der eierlegenden Wollmilchsau, um es allen recht zu machen – Bestands- wie Neukunden. Das wird zu nichts Gutem führen.

Eine übermäßige Orientierung an Bestandskunden verhindert Innovationen. Da sollte sich jede Gründerin, jeder Gründer kurz mal kneifen. Aufwachen bitte, bei einem Start-up geht es darum, durch Innovation immer besser und erfolgreicher zu werden! Ohne permanente Veränderung läuft das Start-up Gefahr, auf einem wenig aussichtsreichen Level zu verharren. Produktoptimierung unterbleibt oder wird nur unzureichend betrieben, wie im Beispiel von Lena.

Aber auch in anderen Bereichen, zum Beispiel bei der Preisgestaltung, kann sich eine zu starke Rücksichtnahme auf Bestandskunden negativ auswirken.

Angenommen, der Vertrieb stellt fest, dass das bestehende Preismodell überarbeitet werden muss. Von niedrigeren Preisen erhofft er sich deutlich höhere Verkaufszahlen. Wäre es nicht schade, wenn die Preissenkung unterbliebe, weil man den Groll der bestehenden User fürchtet? Sie haben noch die alten Preise gezahlt und könnten sich nun über die neuen Preise ärgern.

Wie man es auch dreht und wendet, wer unter keinen Umständen die Bestandskunden verprellen will, beraubt sich vieler Chancen. Etablierte Unternehmen kämpfen in der Regel damit, dass ein über viele Jahre gewachsener Kundenstamm sie in ihren Veränderungsmöglichkeiten beschränkt. Niemals die Kunden verärgern!

**DON'T FAIL**

Das ist ein Glaubenssatz, den daher auch viele ehemalige Mitarbeitende dieser Unternehmen verinnerlicht haben.

Der Vorteil von Start-ups gegenüber etablierten Unternehmen besteht darin, flexibler und innovativer zu sein. Diesen Vorsprung sollte man nicht leichtfertig verspielen.

## SO MACHST DU ES RICHTIG: IM ZWEIFEL FÜR DAS NEUE, BESSERE

An wessen Bedürfnissen solltest du dich orientieren? An denen deiner bestehenden Kunden oder denen der Kundinnen von morgen? Wenn du nach einer sicheren Entscheidungsgrundlage suchst, verlasse dich auf deinen Verstand. Solltest du also überzeugt sein, dass eine neue Lösung besser ist als die alte, dann entscheide dich für das Neue.

Ziehe dein Ding durch. Wenn ein neues UI die Bedienung erleichtert und zeitgemäßer aussieht, dann realisiere es. Wenn das neue Preismodell mehr Verkäufe verspricht, dann setze es um.

Problematisch wird es, sobald du Innovationen vermeidest, weil sie den vermeintlich glücklichen Status quo gefährden könnten: zufriedene Kundinnen und Kunden, stabile Umsätze und Sonstiges. Dann agierst du bereits wie ein Unternehmen, das seit vielen Jahren im Markt ist. Bloß fehlt dir einiges, was diesen Unternehmen das Überleben sichert: hohe Rücklagen, gewachsene Kundenbeziehungen, im Markt etablierte Produkte.

Dein Start-up sollte sich nicht abhängig machen vom Urteil bestehender Kunden. Es ist auf die Zustimmung neuer Kunden angewiesen, weil es wachsen muss. Der wichtigste Wachstumsmotor heißt Innovation. Ohne Neues auszuprobieren, kommst du demnach nicht voran.

**DAS ERSTE JAHR**

## OFFENSIV KOMMUNIZIEREN UND KONSEQUENT HANDELN

Befürchtest du, dass du deine aktuellen Kunden verprellen könntest? Durch Kommunikation kannst du rechtzeitig gegensteuern. Erkläre ihnen, warum die Neuerung notwendig ist und welche Vorteile sie ihnen bringt.

Selbst die besten Argumente werden nicht alle überzeugen. Mit Verlusten musst du rechnen. Dafür sicherst du dir aber die Chance, dein Produkt zu verbessern und viele neue Kunden zu gewinnen. Hierfür bist du angetreten. Für Innovation und Wachstum, nicht für Stillstand und Kundenpflege.

Aber lässt sich nicht irgendwie ein Kompromiss finden, den alle ganz toll finden? Bestands- wie Neukundinnen? Vorsicht, davon kann ich dir nur abraten. Faule Kompromisse wie der, einfach die alte und neue Lösung parallel fortzuführen, kosten eine Menge Ressourcen und sind auf Dauer wenig praktikabel.

Am Ende zählt für den Erfolg deines Start-ups nur eines: Neues wagen und das Alte hinter sich lassen.

## FORTSCHRITT STATT STILLSTAND

- Betrachte deine ersten Kundinnen und Kunden nur als Anfang. Die Kundschaft von morgen wird wahrscheinlich andere Bedürfnisse haben, daran solltest du jetzt schon denken.
- Setze die Neuerungen um, von denen du überzeugt bist. So treibst du Innovation und Wachstum voran.
- Erkläre deinen Kundinnen und Kunden alle Veränderungen gut und führen ihnen die Vorteile vor Augen.

**DON'T FAIL**

# 2.8 ZU STARK AN PLAN A GLAUBEN: WARUM DU IM RICHTIGEN MOMENT DEN KURS ÄNDERN SOLLTEST

Koi-Karpfen gelten seit langer Zeit als absoluter Luxus. Markus und Darren wollen das ändern. Markus fühlt sich als Hamburger eng verbunden mit allen Dingen, die mit Wasser zu tun haben. Darren kommt aus Kanada, seine Eltern betreiben dort eine Lachszucht. Lass uns Leidenschaft und Erfahrung verbinden, sagten sie sich und gründeten ein Start-up. Von Hamburg-Eimsbüttel aus arbeiten sie an ihrem großen Plan: die Haltung von Koi-Karpfen so einfach wie möglich zu machen. Ihre Dienstleistung besteht darin, interessierten Gartenbesitzerinnen und -besitzern die entsprechenden Fachkräfte zu vermitteln.

Alles läuft über eine App. Die Userin registriert sich, gibt ihre Wünsche und die Gegebenheiten vor Ort ein (wie groß ist der Garten, wie viele Koi möchte ich halten oder ähnliche Fragen), und schon erhält sie ein Komplettangebot, das sie nur noch bestätigen muss. In wenigen Wochen hat sie einen Karpfenteich im Garten, angelegt und gepflegt von Handwerkern, Gärtnern und Tierpflegerinnen aus der Region.

Soweit die Theorie.

In der Praxis stottert das Geschäft nicht nur, es rührt sich fast überhaupt nichts. Zur großen Verwunderung von Markus und Darren. Beide stehen zu 100 Prozent hinter ihrem Plan. Er muss und wird funktionieren. Es ist alles nur eine Frage des Durchhaltens. Grandiose Ideen haben es am Anfang immer schwer, das wissen sie. In ihrem Umfeld ernteten sie viele kritische Blicke und manche spöttische Miene, wenn sie ihr Vorhaben vorstellten. Da müssen wir durch, sagten sie sich. Die Skepsis anderer stachelte sie sogar noch an.

**DAS ERSTE JAHR**

Es gibt Momente, da zweifeln sie selbst, ob sie auf dem richtigen Weg sind. Sollten wir nicht umsteuern, etwa von Karpfen auf Seerosen? Oder allgemeine Dienstleistungen zur Gartenpflege vermitteln?

Aber nein, niemals. Dafür hatten sie schon zu viel Herzblut und Geld investiert. Und besonders Letzteres schmerzte zunehmend: Ihr Budget schmolz dahin.

Sie würden es einfach weiter versuchen. Irgendwann musste es doch den Durchbruch geben. Das Potenzial für Koi-Karpfenteiche war riesig. Sie kannten niemanden, der einen hatte. Wirklich niemanden. Sobald die Leute verstanden hätten, wie einfach das mit der Haltung ginge, wenn man ihre Leistungen buchte, wäre der Erfolg da. Bäng! So was von durch die Decke würden die Umsätze gehen.

## WAS HIER SCHIEFLÄUFT: ZU VIEL EMOTION FÜHRT ZU IRRATIONALEM VERHALTEN

Markus und Darren haben sich verrannt, das ist offensichtlich. In emotionaler Hinsicht sind sie voll dabei. Sie sind begeistert und motiviert, ihren Plan umzusetzen. Doch sie übertreiben es mit ihrem unbedingten Durchhaltewillen. Du kannst alles schaffen, wenn du nur an dich glaubst. Diesen uramerikanischen Glaubenssatz leben sie in jeder Sekunde. Ist das an sich ein Fehler? Nicht unbedingt. Man sollte dabei nur offen für Richtungsänderungen sein. Doch in ihrem Fall ist das Resultat dieser Denkweise, dass sie seit dem Start unbeirrt in dieselbe Richtung laufen – die leider die falsche zu sein scheint.

Sie glauben anscheinend, dass man einfach nur lange genug geradeaus laufen muss, ohne dabei rechts und links zu schauen, um das angestrebte Ziel zu erreichen. Dass ihr Ziel aus bestimmten Gründen unrealistisch sein könnte, kommt ihnen nicht in den Sinn.

**DON'T FAIL**

Emotionalität siegt hier über die Rationalität. Wer denkt, dass das ein Ausnahmefall wäre, liegt leider falsch. Emotionen funken uns andauernd dazwischen, wenn wir eigentlich streng rational handeln wollen. Wir verlassen uns rein auf unser Bauchgefühl und rasseln so oft noch tiefer in Probleme hinein.

Im Beispiel von Markus und Darren wirkt auch die bereits erwähnte »sunk-cost fallacy«. Die beiden sind einfach nicht bereit, einzusehen, dass sie die bereits investierten Ressourcen abschreiben sollten, und werfen auch noch ihr letztes Geld in das schwarze Loch einer aussichtslosen Idee.

Womöglich greift bei ihnen auch die bereits vorgestellte Denkweise des »this time it's different«, also der Glaube daran, sich in einer einzigartigen, unvergleichbaren Situation zu befinden, in der die üblichen Regeln nicht gelten würden. Ein Irrglaube, der ebenfalls schon so manches Start-up ins Verderben gestürzt hat.

Den Kurs korrigieren, etwas anderes probieren – davor schrecken viele Gründerinnen und Gründer zurück. Denn das Umsteuern kostet Kraft. Man muss die Aktivitäten neu ausrichten und eventuell neues Kapital auftreiben. Vor allem aber muss man kommunizieren, das heißt mit vielen Menschen reden und zugeben, dass man falsch lag: mit Mitarbeitenden, mit Investorinnen, mit Freunden und anderen Vertrauten. Dieses öffentliche Eingeständnis kann alles andere als angenehm sein, insbesondere dann, wenn man zuvor umso selbstbewusster die Ansicht vertreten hat, den einzig wahren Kurs zu verfolgen.

## SO MACHST DU ES RICHTIG: REFLEXION TRIFFT FLEXIBILITÄT

Selbsterkenntnis ist der Schlüssel, wenn du vermeiden willst, was Markus und Darren passiert ist. Reflektiere darüber, ob dein Plan wirklich noch so gut ist, wie du einst dachtest. Dabei solltest du nicht nur auf deine innere Stimme hören. Oftmals weiß man nämlich unbewusst längst, dass man in die falsche Richtung steuert. Hier kann es sinnvoll sein, dein Geschäftsmodell grundlegend zu verändern und einen sogenannten Pivot durchzuführen. Dabei richtest du dein Unternehmen strategisch neu aus – sei es auf eine neue Zielgruppe oder durch ein anderes Produkt. Denn wenn etwas wiederholt nicht funktioniert, solltest du es ändern.

Im Alltag solltest du deine Aktivitäten daher am besten regelmäßig, zum Beispiel wöchentlich, neu planen. Auf Basis aktueller Erkenntnisse entscheidest du, ob du beim eingeschlagenen Kurs bleibst oder Änderungen vornimmst. Wenn du beispielsweise merkst, dass dein Produkt sich nicht über ein Abomodell vertreiben lässt, ist es an der Zeit, ein anderes Preismodell ausprobieren. Nur weil du an einer bestimmten Vorgehensweise oder Zielvorstellung hängst, darf das kein Kriterium dafür sein, sie unbeirrt weiterzuverfolgen.

## DER FLUCH DES SELBSTBEWUSSTEN AUFTRETENS

Ein großes Hindernis, Pläne zu ändern, kann das damit verbundene Eingeständnis sein, falsch gelegen zu haben. In der Gründungsphase warst du pausenlos damit beschäftigt, anderen Menschen dein Vorhaben zu erklären. Vielleicht bist du dabei über das Ziel hinausgeschossen und hast etwas zu dick aufgetragen. Schließlich wolltest du ja deine Idee möglichst gut verkaufen. Folglich hast du deinen Plan A als alternativlos dargestellt. Nach dem Motto: Ich weiß genau, wie der Hase läuft. Diese, pardon, Großmäuligkeit kann dir jetzt auf die Füße fallen.

Du musst dir und anderen eingestehen, dass Plan A nicht funktioniert. Ist das peinlich? Möglicherweise. Ist das schlimm? Keinesfalls. Denn Dinge auszuprobieren, zu testen, bewerten und anders zu machen, gehört zu einem Start-up dazu. Es kommt nicht darauf an, möglichst lange einen Weg durchzuhalten, sondern rechtzeitig zu erkennen, wann es besser ist, einen neuen Weg zu beschreiten.

## NÜCHTERNE RATIONALITÄT SIEGT

- Hinterfrage dein Handeln. Hast du seit der Erstellung deines Plans maßgeblich Neues dazugelernt? Stimmt dein Kurs?
- Miss regelmäßig den Erfolg deiner Aktivitäten. Erwäge einen Pivot, falls deine Maßnahmen wiederholt nicht einschlagen.
- Scheue dich nicht, anderen deine Fehleinschätzungen einzugestehen. Start-ups sind lernende Systeme, die Fehler machen und ihr Verhalten kontinuierlich optimieren.

**DAS ERSTE JAHR**

# 2.9 PROZESSE ZU FRÜH AUFGEBAUT: WARUM DU MIT FESTEN STRUKTUREN WARTEN SOLLTEST

Dietmar räumt auf. Das kann er am besten, dafür wurde er geholt. Dietmar gefällt sich in dieser Rolle, er lebt geradezu auf in ihr. Montagmorgens ist Dietmar als Erster im Büro, macht Kaffee und Kräutertee für alle, und bereitet das Teammeeting vor. Letzteres bestreitet er so gut wie allein. Er projiziert Organigramme und Ablaufgrafiken, die er übers Wochenende ausgetüftelt hat, an die kalkweiße Wand des Konferenzraums und der Rest des Teams folgt ihm atemlos durch seine Präsentation.

Prozesse zu organisieren, liebt Dietmar mehr als alles andere. Seine Freundin will ihn immer zu Hobbys überreden. Stand-up-Paddling, Yoga Nidra oder das Schreiben von Romanen. Doch für Dietmar ist das alles vertane Zeit, die man sinnvoller verbringen könnte. Sobald er etwas organisieren kann, schlägt sein Herz höher. Seine Leidenschaft fürs Präzise und Übersichtliche hat ihm seinen aktuellen Job beschert. Die Gründerinnen des Start-ups haben so jemanden wie ihn gesucht. Er konnte es selbst nicht fassen, als er die Zusage bekam. Ich, in einem Start-up?

Denn eigentlich kam er aus einem ganz normalen Unternehmen und hatte dort einen ganz normalen Job als Prozessentwickler. Nun sollte er sein Know-how im Start-up-Alltag einbringen. Prozesse, wir brauchen Prozesse, so das Credo der Gründerinnen. Dietmar war sofort Feuer und Flamme und ging eifrig ans Werk. In Windeseile organisierte er die Abläufe im Start-up durch. Nach wenigen Wochen schon hatte er seine Planungen umgesetzt. Schluss mit kreativem Chaos, her mit verlässlicher Ordnung.

Seitdem kommt Dietmar aber nicht zur Ruhe. Von wegen Verlässlichkeit. Andauernd muss er die Prozesse anpassen, weil sich etwas verändert hat. Neue Aufgabenbereiche entstehen, bisherige Aufgaben entfallen. Zuständigkeiten werden neu verteilt. Die Zahl der Mitarbeitenden steigt. Das nervt ihn gewaltig.

Noch mehr ärgert ihn aber das Gejammer im Team. Dietmar, so geht das nicht. Dietmar, so und nicht anders muss das gehen. Dietmar, was geht denn überhaupt noch?

Der arme Dietmar muss aber nicht nur Kritik einstecken. Immerhin heimst er auch Mitgefühl und Verständnis ein. Einige Teammitglieder haben ein schlechtes Gewissen, wenn sie ihn mit Anpassungswünschen behelligen müssen. Sie wissen ja, wie sehr er an seinen Prozessen hängt.

Die Gründerinnen schauen sich das Ganze mit wachsender Skepsis an. War der Einfall mit dem Prozesskram vielleicht doch nicht so genial wie gedacht?

## WAS HIER SCHIEFLÄUFT: ÜBERMENGE AN PROZESSEN LÄHMT DIE START-UP-DYNAMIK

Manche Gründerinnen und Gründer können es kaum abwarten, bis ihr Start-up zu einem »normalen« Unternehmen mutiert ist. Sie helfen frühzeitig nach und bauen Prozesse auf – nur meint frühzeitig hier, dass es viel zu früh geschieht. Denn sie glauben, dass sie so schnell wie möglich das Innenleben von erfolgreichen großen Unternehmen kopieren müssen. Sie wollen daher Ordnung schaffen und dem vermeintlichen Chaos Herr werden, das für Start-ups so typisch zu sein scheint.

Im Prinzip ist wenig dagegen einzuwenden, den Alltag im Start-up zu organisieren, um effektiver und effizienter arbeiten zu können. Doch wer glaubt, dafür unbedingt die Prozessfülle etablierter

## DAS ERSTE JAHR

Unternehmen schaffen zu müssen, sitzt einem Irrtum auf. Erfolgreiche Unternehmen sind in vielen Fällen nicht wegen, sondern trotz ihrer vielen Prozesse erfolgreich.

Wie sehen nun die Konsequenzen aus, wenn man Prozesse zu früh aufbaut? Im Beispiel von Dietmar zeichnen sie sich bereits ab: Alle Beteiligten sind zunehmend genervt und verunsichert. Das Team beklagt sich über Abläufe, die nicht mit der rasanten Entwicklung des Start-ups Schritt halten. Dietmar muss laufend Anpassungen vornehmen und gerät zunehmend in die Rolle des Spielverderbers und Dauernörglers. Die Gründerinnen zweifeln an ihrer Führungskompetenz, weil sich das Team nicht an Dietmars Vorgaben hält.

Die weitergehenden Effekte werden aber weitaus negativer sein. Das Start-up droht, seine Agilität einzubüßen und ineffizient zu arbeiten. Es beraubt sich der Flexibilität, die es für sein weiteres Wachstum benötigt, um sich stattdessen wie ein »gestandener Laden« aufzustellen, der sich wenig dynamisch entwickelt.

Ein prägnantes Beispiel ist ISO 9001, eine Norm für Qualitätsmanagement. In Unternehmen gilt sie als das Nonplusultra in Sachen Prozessoptimierung. Ist sie deshalb auch für junge Start-ups sinnvoll? Absolut nicht. Der Aufwand für die Umsetzung der Norm ist viel zu hoch, als dass er sich lohnen würde. Trotzdem sind manche Gründerinnen und Gründer fest überzeugt, dass sie ISO-9001-zertifiziert erfolgreicher im Markt sein werden. In bestimmten Fällen mag das so sein, für das Gros der Start-ups ist eine Zertifizierung in der Anfangsphase jedoch eine Fehlinvestition. Sie gefährden ihren Wachstum und damit ihren Erfolg.

**DON'T FAIL**

# SO MACHST DU ES RICHTIG: MÖGLICHST LANGE IMPROVISIEREN

Die Forderung nach Verzicht auf stabile Prozesse klingt für manche Menschen so, als würde man für Chaos und Unordnung eintreten. Tatsächlich geht es mir mehr um ein Plädoyer dafür, auf die Kraft der Improvisation zu setzen. Aus meiner Sicht ist diese in jungen Start-ups unverzichtbar, um flexibel zu bleiben und auf sich wandelnde Anforderungen des Marktes reagieren zu können.

Selbstverständlich brauchst du hierfür die passenden Mitarbeitenden. In einer Unternehmenskultur, die auf Improvisation setzt, stehen ordnungsliebende Dietmars auf einem verlorenen Posten und springen schnell wieder ab. Besser ist es, wenn deine Teammitglieder geübt darin sind, souverän mit sich wechselnden Bedingungen umzugehen und nicht darauf pochen, dass ein bestimmter Ablauf auf eine bestimmte Weise erledigt werden muss.

Wer in einem Start-up anfängt und direkt nach dem Prozesshandbuch fragt, weil er das so aus anderen Unternehmen kennt, wird sich umstellen müssen. Am besten erklärst du solchen Mitarbeitenden genau, warum die Abläufe bei euch noch nicht so straff organisiert sein können.

## KEINE ORDNUNG IST AUCH KEINE LÖSUNG

Umgekehrt bedeutet meine Skepsis gegenüber zu früh definierten Prozessen aber nicht, dass du keinerlei Ordnung brauchst. Nach und nach solltest du auf jeden Fall Prozesse formen. Wann immer du merkst, dass Dinge repetitiv werden, ist es naheliegend, sie als Prozess darzustellen, um so die Effizienz zu steigern. Warte damit aber, solange es geht. Bis dahin ist Improvisation angesagt.

**DAS ERSTE JAHR**

Als Übergangslösung bieten sich bewährte Tools wie die gute alte Pinnwand oder digitale Kanban-Boards an. Die Suche nach dem idealen Tool kann sich endlos hinziehen, deshalb starte besser mit vertrauten Werkzeugen.

Ich weiß, Stichwörter wie Improvisation und Übergangslösung lassen bei vielen Menschen die Alarmglocken läuten. Wo bleiben denn da Sicherheit und Verlässlichkeit? Sollen wir uns etwa von Tag zu Tag mit wechselnden Abläufen herumschlagen?

Sicherheit ist so ziemlich das Letzte, was du in einem Start-up erwarten solltest. Risiko und Wandel erlebst du dagegen täglich. Wäre ein Start-up eine sichere Nummer, würde es jeder machen, weil es so einfach geht. Improvisieren hingegen kann mächtig anstrengend sein. Doch solange du einen guten Plan verfolgst, kannst du dir sicher sein, dass am Ende auch etwas dabei herauskommt. Verlässlichere Prozesse zum Beispiel.

## KREATIVES CHAOS UND ORDNUNG IN BALANCE HALTEN

- Agiere so flexibel wie möglich, um das kreative Potenzial deines Start-ups ausschöpfen zu können.
- Setze auf improvisationsfähige Mitarbeitende, die eigenständig Lösungen suchen und bereit sind, Neues auszuprobieren.
- Forme nach und nach nur die Prozesse, die unbedingt nötig erscheinen, um die Arbeitseffizienz zu sichern.

## 2.10 AN DIE EIGENEN MARKETINGLÜGEN GLAUBEN: WARUM DU DICH NIEMALS SELBST VERARSCHEN SOLLTEST

Neulich traf ich einen ehemaligen Kommilitonen. Er hat vor einem Jahr gegründet und wollte mir unbedingt von seinem Start-up erzählen. Es muss das großartigste Start-up überhaupt sein: Das Gründungsteam ist jung, hochkompetent und bereit, alles zu geben. Jeden Tag leben sie mit ungeheurem Spirit den gemeinsamen Traum. Probleme? Gibt es keine, sondern nur Herausforderungen, an denen sie alle täglich wachsen. Jeden Morgen treffen sie sich im Meetingraum und machen einen Tanz, der von den neuseeländischen Maori inspiriert ist. Haka, you know. Soll total viel Kraft für den Tag geben.

Wie es mit den bisherigen Ergebnissen aussieht? Der Umsatz wird bald so was von durch die Decke gehen. Der Markt hat nur darauf gewartet. Ach was, das wird ein ganz eigener Markt werden, in dem die normalen Regeln außer Kraft gesetzt sind. Disruption meets revolution!

Der ideale Augenblick zum Einstieg ist natürlich jetzt. Am besten eigentlich gestern. Ha, ha. So ein, zwei Millionen könnten sie noch gebrauchen. Nur als Zwischenfinanzierung, bis dann der ganz große Durchbruch kommt. Die Investoren stehen Schlange, wie man sich denken kann. Aber nur diejenigen bekommen eine Chance, die das passende Mindset haben. Nachhaltige Denkweise und so was.

Bevor er ging, wollte er noch den ultimativen Tipp mit mir teilen: Der Erfolg fange im Kopf an! Man müsse nur seine Vorstellung mit Überzeugung leben – dann werde sie Realität und springe auf andere über.

Ich war mir sicher: Dieses Erfolg-im-Kopf-Prinzip hatte er gut verinnerlicht.

**DAS ERSTE JAHR**

## WAS HIER SCHIEFLÄUFT: KONSEQUENTE SELBSTTÄUSCHUNG VERSTELLT DEN BLICK AUF DIE TATSACHEN

Alles läuft super, das Potenzial ist riesig, morgen sind wir größer als XY. Solche vermeintlichen Erfolgsstorys höre ich öfters. In der Start-up-Szene ist es normal, sich immer im besten Licht zu zeigen. Manche legen auch gern noch einen drauf. Dann wird das Eigenlob maßlos, so wie bei meinem Bekannten.

Solche Leute fallen auf die eigenen Marketinglügen herein. Damit wir uns nicht falsch verstehen: Es ist nichts Schlechtes daran, sich nach außen positiv darzustellen und dabei auch einmal dicker aufzutragen. Kunden, Investoren, Mitarbeitende, Journalisten – sie alle wollen informiert sein darüber, was gerade im Start-up passiert, wie das Geschäft läuft, welche Aussichten es gibt. Sie wollen möglichst gute Nachrichten hören. Die Produkte sollen umwerfend aussehen und optimal funktionieren, die Verkaufsprognosen grandios sein, die Gespräche mit möglichen Käufern vielversprechend.

Doch was macht man, wenn die Realität eher bescheiden aussieht? Man setzt auf »Marketing-Sprech«, um die Tatsachen schönzureden:

Das erste Feedback von Testkundinnen war unterirdisch? Zahlreiche Verbesserungschancen haben sich aufgetan!

Die Kündigungsquote unter den Mitarbeitenden steigt und steigt? Wir holen neue Talente ins Boot!

Die aktuelle Finanzierungsrunde schleppt sich dahin? Ein paar große Nummern im Business wägen wohl gerade ab, wann sie bei uns einsteigen!

Eine Auswahl an weiteren äußerst typischen Marketinglügen habe ich dir in Abbildung 5 zusammengestellt.

Wie weit man beim Schönreden geht, ist von Gründerin zu Gründer unterschiedlich. Aber jede, jeder tut es. Und dann pas-

**DON'T FAIL**

- *Wir werden in der Branche schon als neues Apple gehandelt!*

- *Gerade passt es vom Timing her nicht, aber nächstes Quartal werden die Kunden kaufen.*

- *Mit Hans-Werner haben wir den weltbesten Topingenieur in unserem Team.*

- *Auf unseren Ansatz ist die Branche bisher noch nicht gekommen.*

- *Wenn wir wollten, könnten wir ganz einfach auf profitabel schalten.*

- *Wir haben keine Wettbewerber, das sind eher Partner, mit denen wir zusammenarbeiten.*

- *Unsere Werbeerfolge sind zwar nicht messbar, aber sie haben unsere Marke aufgebaut.*

- *Noch ist es sehr aufwändig und manuell, aber künftig werden wir es (mit AI) automatisieren*

Abb. 5: Typische verinnerlichte Marketinglügen

siert bei einigen etwas, das nie passieren sollte: Sie fangen an, den eigenen Marketinglügen zu glauben.

Woran liegt das? Es kann sich um eine Form der Selbstsuggestion handeln. Durch die ständige Wiederholung von geschönten Fakten hält man diese schließlich selbst für real.

Die Selbsttäuschung geht aber möglicherweise noch weiter. Ein Beispiel hierfür ist das sogenannte Rosinenpicken: Man sucht sich genau die Meinungen und Ergebnisse heraus, die einem gerade in den Kram passen. Angenommen also, nur zwei von einhundert Befragten zeigen sich begeistert von einem Prototyp. Wenn man dann im Auswertungsmeeting nur von diesen euphorischen Stimmen spricht und die anderen unter den Tisch kehrt, ist das Rosinenpflücken vom Feinsten.

Klingt sehr eigenwillig? Ist aber in nicht gerade wenigen Start-ups an der Tagesordnung, wie mir immer wieder auffällt. Man stürzt sich auf das vermeintlich Positive und blendet negative Stimmen und Beobachtungen aus. Hier spielt auch der Glaube hinein, dass nur positives Denken zum Erfolg führe. Gerade in Start-ups sitzt man sehr häufig diesem Irrtum auf. Immer gut drauf sein, keine Kritik äußern, alles in buntesten Farben sehen.

Der Blick durch die rosarote Brille hat Konsequenzen. Notwendige Änderungen der Strategie unterbleiben. Warum etwas ändern? Läuft doch alles super. Konflikte innerhalb des Teams werden nicht gelöst und mindern die Leistungsfähigkeit. Warum Probleme offen ansprechen? Sind doch alle in bester Stimmung.

Kann man so ein Start-up zum Erfolg führen? Garantiert nicht.

## SO MACHT DU ES RICHTIG: DIE NACKTE WAHRHEIT MUSS AUF DEN TISCH

Ums Beschönigen von bestimmten Dingen wirst du als Gründerin oder Gründer nicht herumkommen. Diplomatisches Vorgehen erfordert nun einmal, nicht ungefiltert jedem alles vor den Kopf zu knallen. Vor allem in der Außenkommunikation musst du sehr vorsichtig agieren. Aus einer Fliege (Umsatz lahmt) wird von den Medien schnell ein Elefant (Start-up XY am Abgrund!) gemacht.

Intern ist ebenfalls Fingerspitzengefühl gefragt. Mitarbeitenden willst du vermitteln, dass ihre Arbeitsplätze sicher sind. Flapsige Sprüche über die Geschäftslage kämen da unpassend. Und Investoren willst du sicherlich nicht mit der Nase auf jedes aktuelle Problem stoßen. Ihr Vertrauen in dich sollte nicht angekratzt werden, du wirst noch häufiger auf ihren guten Willen angewiesen sein.

## NACH AUSSEN VORSICHTIG, NACH INNEN KRITISCH

Was auch immer du diesen verschiedenen Akteursgruppen gegenüber behauptest und ihnen versprichst, um dein Start-up in einem guten Licht zu zeigen – sobald du die Bürotür hinter dir schließt, muss Schluss damit sein. Wenn du am Schreibtisch sitzt und nachdenkst, oder wenn du mit deinen Co-Foundern kommunizierst, darf es um nichts anderes als die nackte Wahrheit gehen. Kein Beschönigen und vor allem keine Selbstverarschung mehr.

Du musst glasklar trennen zwischen Marketing und Realität. Sollten dir in wichtigen internen Meetings die gleichen überzuckerten Formulierungen über die Lippen gehen wie bei Pitches, Investorentreffen oder Networking-Events, dann hast du ein Problem. Es passiert leichter, als man denkt. Ich sage das aus eigener Erfahrung.

**DAS ERSTE JAHR**

Stets positiv über das eigene Produkt zu reden, mag in der Außendarstellung unabdinglich sein. Intern aber solltest du kritische Punkte offen ansprechen und kein Blatt vor den Mund nehmen. Auch den anderen im Team solltest du diese Freiheit zugestehen.

Falls du dich fragst, ob das ganze kritische Denken nicht ziemlich zermürbend ist: Probleme anzusprechen und gemeinsam zu lösen, kann im Team echte Begeisterung wecken, die viel mehr bewirkt als aufgesetzte Dauerfröhlichkeit. Außerdem wachsen ungelöste Probleme weiter. Wenn sie dann irgendwann nicht mehr von der Hand zu weisen sind, kostet ihre Lösung viel mehr Kraft als jede kritische Diskussion.

## WER KLAR ENTSCHEIDEN WILL, BRAUCHT SELBSTREFLEXION

- Betrachte deine »Marketinglügen« als das, was sie sind: reine Außendarstellung. Nie, nie, nie darfst du selbst auf sie hereinfallen und sie als Entscheidungsbasis nutzen.
- Bewahre dir einen Raum, in dem du absolut offen und ehrlich sein kannst: im Austausch mit deinen Co-Foundern, innerhalb deines Teams.
- Reflektiere immer wieder, was du nach außen kommunizierst – und was wirklich vorgeht. Nur so behältst du einen klaren Blick auf die Realität, in der sich dein Start-up befindet.

# 3. DAS SCALE-UP

**DAS SCALE-UP**

# 3.0 ALLES AUF EXIT - WAS DICH IN DER SCALE-UP-PHASE BEWEGT

Willkommen in der Scale-up-Phase. Skalieren heißt wachsen, wachsen, wachsen – mit dem Ziel, möglichst profitabel zu werden. Aber wann weiß man, dass man diese Phase erreicht hat? Es ist so ähnlich wie in der Gründungsphase: an einen genauen Zeitpunkt lässt sich der Beginn selten festmachen. Vielmehr merkst du anhand bestimmter Erkenntnisse und Beobachtungen, wann es so weit ist.

Du stellst fest, dass dein Start-up sich im Markt etabliert hat, dass es Traktion gewonnen hat. Der Markt braucht uns, so würdest du es gegenüber deinen Mitarbeitenden formulieren. Dein Geschäftsmodell ist nicht länger nur eine Idee, ein Plan, es ist jetzt real, es funktioniert zumindest im Kleinen.

Das heißt auch, dass es nicht länger um das Überleben geht, so wie in den ersten zwölf Monaten. Du musst nicht länger in Angstschweiß ausbrechen, wenn du einen Blick aufs Konto wirfst. Du kannst dir sicher sein, dass das Kapital nicht in ein paar Wochen aufgebraucht ist und du vor dem Aus stehen wirst. Ein sehr unschönes Gefühl, das dir so manche Nacht den Schlaf geraubt hat.

Warum plötzlich ausreichend Geld da ist? Nun, du hast bewiesen, dass dein Vorhaben funktioniert. Kapitalgeberinnen und Kapitalgeber vertrauen dir, statten dich mit den nötigen Mitteln aus. Das eröffnet dir Möglichkeiten, an die du vorher vielleicht nur im Traum gedacht hast. Wenn alles ideal läuft, kannst du den berühmten »Schluck aus der Pulle« nehmen, also mit genügend Kapital dein Business aufpumpen und dem Wettbewerb davonlaufen.

Klingt ziemlich gut, oder? Ist in der Scale-up-Phase also alles easy? Natürlich nicht. Das temporeiche Wachstum fordert dich heraus. Deine Rolle im Start-up wandelt sich. Du gewinnst an Selbstvertrauen. Doch immer noch kannst du alles vermasseln.

Wie bereits für die ersten beiden Phasen will ich dir auch hier einen Eindruck von der Bandbreite an Emotionen geben, die nun auf dich zukommt. Danach stelle ich dir die zehn größten Fehler in dieser Phase vor.

## DAS GEFÜHL, GROSSZÜGIG SEIN ZU KÖNNEN

Wie bereits gesagt: Die ständige Sorge, bald pleite zu sein, verliert an Gewicht. Nun ist das größere Problem vermutlich, die Zahlungsströme im Blick zu behalten. Wann trifft frisches Investorenkapital ein? Welche Kreditzahlungen sind wann fällig? Schaffst du es, treue Kunden über einen längeren Zeitraum zu halten? Gibt es womöglich schon ein Empfehlungsmarketing, das für dich arbeitet? Natürlich funktioniert auch hier nicht alles, aber zumindest kannst du bei deinen Entscheidungen zwischen Alternativen abwägen. Dein Horizont verschiebt sich von der Tages- auf die Monatsbasis.

Angesichts der besseren finanziellen Lage deines Start-ups bist du eventuell in der glücklichen Situation, den 3 F (Family, Friends and Fools) ihre Kredite zurückzahlen zu können. Wundere dich nicht, wenn manche von ihnen sich sehr überrascht zeigen. Sie hatten ihr Geld vermutlich längst abgeschrieben. Auf jeden Fall ist es ein sehr schönes Gefühl, diese Schulden begleichen zu können. Denn anders als bei normalen Investoren hast du zu diesem speziellen Kreis an Kreditgebern in der Regel eine sehr emotionale Verbindung. Du bist mit ihnen verwandt, befreundet, bekannt. Sie haben dich unterstützt, als niemand sonst an dich glaubte. Dafür kannst du dich nun erkenntlich zeigen.

Auch den Mitarbeitenden gegenüber kannst du dich nun wertschätzender zeigen: Zu Beginn war allen klar, dass sie in einem

Büro mit klaprigen Möbeln und abgenutzter Küche arbeiten würden. Vielleicht hast du nun die Mittel, um verdienten Kolleginnen und Kollegen ein besseres Equipment zu beschaffen. Bei wichtigen Meilensteinen könnt ihr eine Party feiern und in der brandneuen Küche liegen Snacks parat.

Bei früheren Einstellungen hast du vielleicht argumentiert, dass du nicht das marktübliche Gehalt zahlen kannst. Jetzt solltest du prüfend über die Gehaltsliste blicken und sicherstellen, dass du dein Team angemessen bezahlst. Einerseits ist das fair angesichts der Leistung deines Teams. Andererseits reduzierst du ganz eigennützig die Gefahr, dass deine Know-how-Trägerinnen und -Träger abgeworben werden oder aus persönlichem Antrieb das Unternehmen wechseln.

## DAS GEFÜHL, ANGEKOMMEN ZU SEIN

Langsam realisierst du, dass deine Rolle sich gewandelt hat. Warst du bislang der Feuerlöscher, immer bemüht, neu aufkommende Probleme möglichst schnell zu lösen, findest du dich jetzt als Gestalterin oder Gestalter wieder. Du kannst dich auf die strategische Arbeit konzentrieren, die in der Scale-up-Phase im Fokus steht.

Zum Beispiel treibt dich die Frage um, wie du hohes Wachstumstempo und nötige Effizienz in einer gesunden Balance halten kannst. Im Vergleich zur Anfangsphase entscheidest du jetzt viel schneller. Etwa bei der Einstellung neuer Mitarbeitender. Du tust es einfach, weil der Zeitdruck so hoch ist. Denn dein Start-up muss wachsen. Bei aller Entschlossenheit wirst du jedoch stets abwägen müssen: Wie sieht es mit der Effizienz aus? Lohnen sich die höheren Personalkosten?

Auch in Werbung und andere Dinge investierst du jetzt mehr denn je, schneller denn je. Richtig? Falsch? Effizient?

## DON'T FAIL

Du bist jetzt Unternehmerin, Unternehmer. Dein Start-up wird jetzt ebenfalls anders wahrgenommen. Es ist nicht mehr die Garagenfirma, die kleine Bude mit großen Ambitionen, sondern ein aufstrebender Player im Markt. Fast schon ein richtiges Unternehmen.

## DAS GEFÜHL, VERFOLGT ZU WERDEN

In der Branche ist dein Start-Up nun bereits bekannt. Die einen erwarten in Zukunft viel von dir, andere halten dich für eine Eintagsfliege. Vielleicht gibt es sogar Wettbewerber, die dein Geschäftsmodell als Bedrohung empfinden.

Bei einigen Gründerinnen und Gründern entsteht in dieser Situation eine Paranoia: Sie fühlen sich irgendwie beobachtet und verfolgt vom Wettbewerb. Sie waren es gewohnt, im toten Winkel zu agieren. So richtig interessierte sich niemand für sie. Nun aber fühlen sie sich, als wären sie im Scheinwerferlicht. Der Markt schaut auf sie. Gefühlt alle schauen auf sie. Und schon beginnt die Panik. Sie fürchten, dass ihre Produkte kopiert werden und ihre Wettbewerbsvorteile dahinschwinden.

Doch ist das wirklich so? Dass mehr Sichtbarkeit in der Scaleup-Phase die Nachahmer anlockt wie Motten das Licht, ist selten. Gerade die größeren Wettbewerber im Markt sind ständig mit ihren eigenen Problemen beschäftigt. Vermutlich haben sie über ein Geschäftsmodell wie deines bereits diskutiert, es vielleicht sogar mal ausprobiert und sind gescheitert. Daher verfolgen sie deine Aktionen mit einer Portion Skepsis und Neugierde. Dieses Abwarten verschafft dir den nötigen Zeitvorsprung. Wenn du diesen Vorsprung effektiv nutzt, hast du beste Karten auf der Hand, um im Nachhinein akquiriert zu werden oder eine faire Partnerschaft einzugehen.

**DAS SCALE-UP**

# DAS GEFÜHL, EIN MONSTER ZU FÜTTERN

Aber Moment, ganz so entspannt sieht es dann doch nicht immer aus. Aufgrund des starken Wachstums deines Start-ups fallen dir zahlreiche Dinge auf, die beim aktuellen hohen Tempo nicht länger mithalten können. Sei es auf Personalebene oder bei den Abläufen.

So musst du leider feststellen, dass der begabte Programmierer, der seit Gründung mit dabei ist, an seine Grenzen stößt. Sein aktionistischer Stil war am Anfang genau das Richtige, nun aber kann niemand im Team mit seinem Output arbeiten. Hältst du ihn, weil er sich verdient gemacht hat, und gibst ihm eine Chance, beispielsweise durch Schulungsangebote? Oder trennst du dich von ihm, auch wenn dir das enorm schwerfällt?

Weniger heikel in menschlicher Hinsicht ist die Entscheidung, ob und wie sich eingespielte Prozesse wachstumsgerecht optimieren lassen. Auch hier stellst du mitunter immer mehr Schwächen und Aussetzer fest. Alle Prozesse, die nicht skalieren, musst du umbauen.

Eine andere Empfindung, die dich eventuell beschäftigen wird: Dein Start-up entpuppt sich mehr und mehr als gefräßiges Monster, dem du Unmengen an Geld in den Rachen wirfst, um seinen enormen Hunger zu stillen. Wachstum kostet viele Euros. Ab und zu gibt dir das Monster etwas davon zurück. Erste Gewinne! Möchtest du sie behalten und ausschütten? Nein, du investierst sie sofort wieder, wie es sich gehört. Das Monster verlangt es so. Es will wachsen, wachsen, wachsen.

# DAS GEFÜHL, SELBST ZUM PROBLEM ZU WERDEN

Flaschenhälse erkennen, Prozesse umbauen, Monster füttern – du hast echt alle Hände voll zu tun. Dir dämmert langsam, dass du dich selbst auch zu einer Art Flaschenhals entwickelt hast. Jede Menge Entscheidungen laufen über dich, doch dir fehlen zunehmend die Zeit und die Kompetenz für sie. Als Folge stocken manche Prozesse, Mitarbeitende warten auf grünes Licht von dir, Investorinnen fordern ausstehende Berichte ein.

Du hast einen Punkt erreicht, an dem du selbst zum Engpass geworden bist. Du musst Aufgaben delegieren, Verantwortung auf andere übertragen. Sonst wächst dir alles über den Kopf. Spätestens jetzt wird dir bewusst, dass Hierarchien und Strukturen auch etwas Positives haben können. Von wegen überholte Unternehmenswelt da draußen.

## DAS GEFÜHL, DEN DINGEN GEWACHSEN ZU SEIN

Gleichzeitig mit dem Anwachsen deiner Aufgaben ist auch dein Selbstvertrauen gestiegen. Dinge, die du anpackst, gelingen nun immer öfters. Das erfüllt dich mit Stolz, macht dich glücklich. Du kommst dir nicht länger als Nachwuchskraft in Sachen Führung und Management vor.

Wenn du jetzt durch die Büroräume gehst, siehst du viele Leute, die mit ähnlichem Herzblut wie du bei der Sache sind. Auch dies gibt dir ein gutes Gefühl. Für viele ist dein Unternehmen zu einem Teil ihres Lebens geworden, aus dem sie Kraft schöpfen und in dem sie Freunde gefunden haben. Doch hohe Motivation und Identifikation mit dem Unternehmen sind nicht alles. Am Ende des Tages kommt es darauf an, dass alles so funktioniert, wie du es geplant hast.

Doch was, wenn es nicht so gut laufen sollte? Die Gefahr des Scheiterns ist immer da. Sie mag dir schlaflose Nächte bereiten. Dein Arbeitspensum könnte auch bedenklich hoch sein. Droht dir mit der Zeit ein Burn-out? Ich glaube, es liegt an dir, wie sehr du das zum Risiko werden lässt. Natürlich brüsten sich viele Leute aus der Start-up-Szene mit exorbitanten Arbeitszeiten. Ich halte das jedoch in vielen Fällen für eine Form der Selbstbeweihräucherung. Ein gutes Zeitmanagement hilft, das Problem der zu langen Arbeitszeiten in den Griff zu bekommen.

# DAS GEFÜHL, FÜR ALLES VERANTWORTLICH ZU SEIN

Natürlich macht es einen Unterschied, ob man als Führungskraft in einem etablierten Unternehmen arbeitet oder Gründerin, Gründer eines jungen Start-ups ist. Anders als in einem Großunternehmen werden bei einem Fehlschlag die Mitarbeitenden nicht einfach in andere Abteilungen versetzt. Du bist mitverantwortlich für eine mehr oder minder große Zahl an Menschen, deren Arbeitsplätze von deinem Geschick mit abhängen. Ich sage bewusst, du bist mitverantwortlich, aber nicht der alleinige Verantwortliche. Denn schließlich können Mitarbeitende ihre Eigenverantwortung nicht morgens an der Bürogarderobe abgeben.

Wer anfängt, in einem Start-up zu arbeiten, weiß in der Regel, worauf er sich einlässt: Das Unternehmen befindet sich im Aufbau und stetigen Wandel, also ist der Arbeitsplatz im Falle des Scheiterns nicht sicher. Die Teammitglieder sind ihres Glückes Schmied und können einen großen Teil ihres Alltags selbst gestalten und prägen. Die soziale Verantwortung als Arbeitgeber kannst du schwer wahrnehmen, wenn dein Unternehmen von der Pleite bedroht ist. Das sollte dein Team auch wissen. Gerade als Tech-Start-up stellst du häufig vom Arbeitsmarkt heiß begehrte Talente ein, die im Fall eines Scheiterns nicht stigmatisiert sind.

Falls ihr scheitert, scheitert ihr gemeinsam. Vermutlich bist du die Person, der es am meisten schmerzt und die Kapital aus dem eigenen Umfeld in den Sand gesetzt hat. Doch auch deine Investoren wussten hoffentlich: Es ist ein Start-up-Investment und kein Fonds zur Altersvorsorge. Eine Pleite ist nicht gerade schön, aber auch keine Katastrophe. Niemand stirbt, auf alle warten neue Chancen anderswo. Das Leben wird weitergehen.

# BEREIT FÜR DAS SCALE-UP?

Apropos es geht weiter. Du solltest jetzt alles daran setzen, die Erfolgsstory deines Start-ups fortzusetzen. Du hast die Gründungsphase und die ersten zwölf Monate überstanden. Du wirst mit viel Einsatz und Cleverness auch die Scale-up-Phase zu einem wertvollen Unternehmen meistern. Mit dieser positiven Vision vor Augen wird dir vieles leichter fallen. Zum Beispiel das Vermeiden der zehn größten Fehler, die dir in dieser entscheidenden Phase passieren können. Im Folgenden lernst du sie kennen.

# 3.1 ZU LANGE AUF BASISDEMOKRATIE SETZEN: WARUM DU RECHTZEITIG AUF HIERARCHIE UMSCHALTEN SOLLTEST

**kurze frage von mir**

Von: Bernhard (bernie@vista-pilot.com)

An: Lars, Nina, Albrecht

hi ihr drei,

ich will euch nicht nerven, aber ich habe immer noch nichts zu meinem letzten vorschlag gehört. Habe meine letzte mail unten angehängt, nur für den fall. Können wir doch mal bei einer club mate drüber reden. Aber ich weiß, ihr habt jetzt viel um die ohren.

Als ich bei vista-pilot anfing, war das alles ganz anders. Da sind wir doch fast jeden tag essen gegangen bei diesem lustigen italiener, der beim servieren gesungen hat, oder an dem food truck mit den frittierten tacos. leider, leider vorbei. ich fand das richtig gut, dass man da mit euch gründern über alles reden konnte, total offen, nicht nur business, auch über privates und so.

jetzt sieht man sich mal kurz auf dem flur oder an der kaffeebar. das reicht ja nur für ein kurzes hallo wie gehts. und manchmal noch nicht mal dafür, muss ich leider sagen.

ich will nicht meckern, ganz bestimmt nicht. bezahlung und »nice to haves« stimmen mittlerweile, aber darum geht es mir gar nicht. ich dachte eigentlich immer, dass wir das ding hier zusammen wuppen. also als ein team. ich verstehe ja, dass es einen unterschied macht, ob man zu fünft ist oder, stand heute, mit mehr als dreißig leuten arbeiten muss. hat sich auch eine menge getan in der zwischenzeit.

aber irgendwie spüre ich langsam, das ist nicht mehr mein laden hier. ich will nicht sagen, früher war alles besser, aber kommt mir schon irgendwie so vor. ein paar andere denken das auch, weiß ich aus gesprächen.

fällt mir wirklich nicht leicht, das zu sagen, aber wenn das so weitergeht, steige ich hier aus und mache was ganz anderes. wisst ihr vielleicht noch, ich habe diesen traum von der eigenen ananasplantage in der dom rep. nee, just kidding.

ist jetzt schon spät, ich höre auf, bin morgen erst ab 12 im office, habe vorher wichtigen termin ;-)

bernie

### AW: kurze frage von mir

Von: Toni (reception@vista-pilot.com)

An: Bernhard

Hallo Bernie, Albrecht hat mir Deine Mail weitergeleitet. Am besten trägst Du Deinen Terminwunsch in unserem Online-Planer ein. Nächsten Monat sind noch ein paar Slots frei. Toni

**DAS SCALE-UP**

# WAS HIER SCHIEFLÄUFT: NEUE ABSTIMMUNGS-PROZESSE KOLLIDIEREN MIT GEWOHNTEN ROUTINEN

Früher war alles besser? Treffender wäre: Heute ist alles anders als damals. Daher sind auch neue Wege für Kommunikation und Abstimmungen notwendig. In der Scale-up-Phase beschleunigt sich die Dynamik, die Organisation wächst rasant, neue Mitarbeitende kommen hinzu, bestehende Routinen müssen überdacht und neu organisiert werden. Früher gepflegte Abstimmungsprozesse, wie ein lockerer Treff bei Pizza und Apfelschorle, sind nun nicht mehr praktikabel.

Eine Art Basisdemokratie, in der alle mitreden konnten, funktionierte in der Anfangsphase noch recht gut. Alles war klein und übersichtlich. Jetzt aber ist das Start-up gewachsen, Fachbereiche und -kompetenzen haben sich ausdifferenziert.

Die Mitarbeitenden der ersten Stunde sehnen sich nun immer öfter nach der »guten alten Zeit«. So wie Bernie fühlen sie sich vom Informationsfluss abgeschnitten. Sie vermissen den engen Kontakt zu Gründerinnen und Gründer. Im Prinzip kamen sie sich selbst wie Gründer vor. Ihre Identifikation mit dem Start-up ist hoch, umso größer nun die Enttäuschung, scheinbar doch nur ein Rädchen im Getriebe zu sein.

Die Gründerinnen und Gründer wiederum geraten in eine Zwickmühle. Sie möchten den Mitarbeitenden, die von Anfang an dabei sind, nicht durch straffere Organisationsregeln vor den Kopf stoßen. Dabei geht es nicht nur darum, dass die Stimmung gut bleibt. Auch sind die Ideen dieser Mitarbeitenden nach wie vor gefragt. Früher konnte man sie direkt einbringen, heute muss man sich an bestimmte Regeln und Abläufe halten. Und das vor allem dann, wenn der Vorschlag sich auf einen Bereich bezieht, für den man selbst nicht zuständig ist.

**DON'T FAIL**

Zugleich will das Gründerteam, dass sich das Start-up entwickeln und wachsen kann. Zu starke Rücksichtnahme auf die Wünsche und Gefühle der Mitarbeitenden der ersten Stunde kann hier sehr hinderlich sein.

Bernie erlebt, dass sich seine Gründer offenbar für den zweiten Weg entschieden haben: Sie setzen mehr auf dynamisches Wachstum, weniger auf Einbindung von frustrierten Mitarbeitenden. Doch die Entscheidung muss nicht so drastisch sein. Es gibt auch einen Mittelweg.

## SO MACHST DU ES RICHTIG: NEUE KOMMUNIKATIONSWEGE, NEUE TRANSPARENZ

Gute Nachricht: Die oben beschriebene Zwickmühle lässt sich auflösen. Schlechte Nachricht: Das ist nicht immer einfach. Schließlich operierst du sozusagen am offenen Herzen, während sich dein Start-up im dynamischen Wandel befindet und jeden Tag viele neue Fragen zu klären sind.

Im Kern geht es für dich darum, die Kommunikation so zu organisieren, dass die Transparenz für alle Mitarbeitenden ausreichend hoch bleibt. Niemand darf sich abgeschnitten oder gar ausgegrenzt fühlen. Alle sollten gut eingebunden sein und die eigenen Ideen und Wünsche immer noch einbringen können. Hierfür müssen neue Wege her, denn die alten Wege haben ausgedient. Talk beim Mittagessen, abends auf ein Bier – in der jetzigen Phase lässt sich derart unorganisiert nicht mehr kommunizieren. Dafür ist die Zahl der Mitarbeitenden und die Komplexität von Aufgaben und Zuständigkeiten zu hoch.

Einer der neuen Wege sollte ein All-Hands-Meeting sein. Das heißt: Alle Mitarbeitenden kommen regelmäßig zusammen, zum Beispiel einmal in der Woche, und tauschen sich aus. Jedes Mal stellt ein anderes Team vor, an was es gerade arbeitet, wie das Projekt läuft, wo die Herausforderungen liegen und sonstige Aspekte. Außerdem können die Teilnehmenden dir und anderen Führungskräften Fragen stellen. Ziel des Meetings ist es, dass alle einen Überblick über das aktuelle Geschehen erhalten und sich niemand mehr ausgeschlossen fühlt.

## HOHE TRANSPARENZ, KEIN GRUND ZU MECKERN

Mitarbeitende, die Ideen einbringen, die über ihren eigenen Arbeitsbereich hinausgehen, solltest du ebenfalls nicht vergessen. Früher konnten sie ihre Ideen vielleicht in der Teeküche an den Mann oder die Frau bringen. Heute könnte das als Einmischung in die Arbeit anderer verstanden werden. Besser also, du ermöglichst es Ideengeberinnen und -gebern, ihren Vorschlag bei einem eigens anberaumten Termin zu präsentieren. Mit der richtigen Organisation sorgst du dafür, dass wertvolle Ideen weiterhin an der richtigen Stelle im Start-up ankommen.

Und was, wenn trotzdem gemeckert wird? Mache der jeweiligen Person keine Vorwürfe, sondern erkläre ihr, warum die Dinge nicht mehr so basisdemokratisch wie in der »guten alten Zeit« laufen können, dass ihr Ratschlag aber nach wie vor gefragt ist. Vorausgesetzt natürlich, sie hält die neu etablierten Kommunikationswege ein.

**DON'T FAIL**

## KULTURWANDEL BEDEUTET KOMMUNIKATIONSWANDEL

- Organisiere die Kommunikation so, dass alle Mitarbeitenden sich eingebunden und informiert fühlen.
- Sorge dafür, dass Ideen nach wie vor eingebracht werden können, zum Beispiel durch entsprechende Ideenmeetings.
- Erkläre enttäuschten Mitarbeitenden, warum sich die Unternehmenskultur wandelt, und versichere ihnen, dass ihre Ideen weiterhin geschätzt und gefragt sind.

## 3.2 NACH SUPERHELDEN FÜRS TEAM SUCHEN: WARUM DU MEHR IN FÖRDERUNG INVESTIEREN SOLLTEST

Kim und Anja folgen einer heißen Spur. Um 2 Uhr morgens sind sie aufgebrochen, um gegen 7 Uhr morgens am Frankfurter Flughafen zu sein. Ihre Mission: Zielperson abfangen, ansprechen und ihr ein Angebot unterbreiten, das sie nicht ablehnen kann. Denn über eine vertrauliche Quelle haben sie vor einer Woche erfahren, dass heute eine der besten Programmiererinnen der Welt in Frankfurt landen würde. »The Code« wird sie in der Szene genannt. Irgendwo aus Asien soll sie stammen. Vietnam, Thailand oder Korea (ob Süd- oder Nord-, war umstritten). Es gab jedenfalls einige Aufregung in der beschaulichen deutschen Start-up-Welt, als die Nachricht durchsickerte. Nur wusste niemand so genau, ob, wann, wie und wo »The Code« ankommen würde.

Zum Glück hat Kim über seinen Bruder Zugang zu hochgeheimen Informationen. Der Bruder arbeitet bei der Lufthansa und hat einfach jeden Tag den Klarnamen von »The Code« in den Passagierdaten gesucht. Gut, das verstieß gegen etliche Regeln und Gesetze. Aber was blieb ihnen anderes übrig?

»The Code« zählt zu den Besten, sie ist 10X. Und was anderes als 10X-Mitarbeitende wollen Kim und Anja nicht mehr. Ihr Start-up braucht in der jetzigen Phase Top-Performer und Rockstars, keine Mainstream-Typen. 10X heißt: zehn Mal besser als der Rest. Davon reden alle in der Start-up-Welt. 10 Prozent wachsen? Vergiss es, sagen die Cracks aus dem Silicon Valley. Du musst schon um das Zehnfache zulegen, um zu den Gewinnern zu gehören.

Die Suche nach 10X-Menschen ist ähnlich knifflig wie die nach

Einhörnern oder dem Yeti. Ihr Recruiting hat darin versagt, deshalb haben Kim und Anja die Sache selbst in die Hand genommen.

7:30 Uhr. Im Ankunftsbereich drängen sich die Menschen. Warten die etwa alle auf …? Da kommt Bewegung in die Menge. Es gibt Rufe, Kreischen, Applaus, winkende Hände. Ein paar Leute recken sogar Mappen in die Luft, in denen anscheinend Vertragsunterlagen stecken.

Kim und Anja stehen am Rande und sehen ihre Chancen sekündlich schwinden. Irgendwo musste es ein Leck gegeben haben. Die halbe Start-up-Szene Deutschlands scheint vor Ort zu sein.

»Wir haben es verbockt«, sagt Anja. »Jetzt schnappt uns irgendein Frank oder Joko die beste Coderin der Galaxis weg.«

Kim nickt: »Nächstes Mal sind wir schneller. Es soll da einen irre coolen Programmierer in den peruanischen Anden geben. Ich hab uns schon einen Flug rausgesucht. Hast du zufällig Wanderstiefel mit dabei?«

## WAS HIER SCHIEFLÄUFT: UNREALISTISCH HOHE ANSPRÜCHE BEIM RECRUITING BREMSEN DIE TEAMENTWICKLUNG

Nur die allerbesten Mitarbeiterinnen und Mitarbeiter sind gut genug. Dieser Anspruch kann entstehen, wenn man dem 10X-Gerede in der Start-up-Welt zu viel Glauben schenkt. An sich ist 10X nichts Falsches. Natürlich geht es beim Scale-up um exponentielles Wachstum. Doch sollte dieses »Höher, Weiter, Schneller« auch für die Mitarbeitenden gelten?

10X-Menschen werden schier übermenschliche Fähigkeiten zugeschrieben. In ihren Lebensläufen stehen die größten Namen der Tech-Branche. Sie entscheiden, entwickeln, verkaufen

## DAS SCALE-UP

so viel besser als der vermeintliche Durchschnittsmensch, dass jede Gründerin, jeder Gründer glücklich sein kann, wenn sie oder er möglichst viele von ihnen im Team hat.

Nur finden sich im Alltag komischerweise wenig bis gar keine 10X-Menschen. Es bewerben sich stattdessen ganz normale Menschen mit ganz normalen Lebensläufen und vorzeigbaren Leistungen. Manche Gründer sind deshalb verdrossen, suchen den Fehler bei ihrem Recruiting, das offenbar nicht in der Lage scheint, großartige Mitarbeitende aufzutreiben. So wie Kim und Anja wollen sie die Suche selbst in die Hand nehmen, scheitern aber ebenfalls.

Kein Wunder. Wie gesagt, Ausnahmemenschen sind die Ausnahme. Zudem sollte man sich als Gründerin oder Gründer fragen: Wenn ich Übermenschen für mein Geschäftsmodell brauche, ist es dann wirklich bereits zu Ende gedacht?

Ein anderer Fehler, der auf überhöhten Ansprüchen basiert, ist die Hoffnung darauf, ein im Start-up vorhandenes Talent einfach replizieren zu können. Wenn eine Mitarbeiterin oder einer der Gründer zum Beispiel exzellent im Marketing ist, meint man plötzlich, noch mehr von dieser Sorte haben zu müssen. Doch es ist in den meisten Fällen unrealistisch, diese zu finden. Denn oftmals sorgen ganz bestimmte Bedingungen für die überdurchschnittlich hohe Leistung des Vorbilds, wie ein persönliches Netzwerk, das Jahre für den Aufbau braucht. Vielleicht hat das Vorbild in der Firma viele Stationen durchlaufen und kennt das Unternehmen und den Markt daher im Detail. Ebenso könnte eine hohe Motivation, die noch aus der Anfangszeit des Start-ups stammt, ein Grund sein. Neu hinzukommende Mitarbeitende werde diese nicht automatisch mitbringen. Vermutlich wird ihre Identifikation mit dem Start-up geringer sein.

Ein genereller Fehler ist es auch, überhaupt Mitarbeitende in Schubladen zu stecken. Wer in Kategorien wie »Low Performer«

oder »High Performer« denkt, schafft eine Unternehmenskultur, in der die Potenziale der Mitarbeitenden wenig gefördert werden.

## SO MACHST DU ES RICHTIG: FÖRDERUNG DER STÄRKEN

Spare dir die Mühe, nach 10X-Mitarbeitenden zu suchen. Wenn du Höchstleistung im Team erreichen willst, gibt es einen naheliegenderen Weg: die Förderung der vorhandenen und neuen Mitarbeitenden. Unterstütze sie dabei, ihre Stärken auszubauen, in ihrem Job besser zu werden. Vermutlich schlummern in vielen von ihnen Fähigkeiten, die du noch gar nicht kennst. Statt von Superhelden zu träumen, machst du dein Start-up zu einem Ort, an dem »normale« Menschen zu Helden werden.

Wie kann eine solche Förderung aussehen, fragst du dich? Und kostet das nicht Unsummen an Geld? Hier kann ich dich beruhigen. Die meisten Fördermaßnahmen kosten weniger, als man denkt. Nehmen wir zum Beispiel das Mentoring.

## BESSERE ERGEBNISSE DURCH BESSERE UNTERSTÜTZUNG

Beim Mentoring geht es darum, dass erfahrene weniger erfahrene Mitarbeitende anleiten. Der Wissenstransfer ist extrem wertvoll, beide Seiten lernen voneinander. Die Mentorin stärkt ihre Kommunikationskompetenz und vertieft ihr Know-how, indem sie es verbalisiert oder verschriftlicht. Der Mentee wiederum profitiert durch praxisrelevante Anleitung, die ihn schnell in die Lage versetzt, eigene Projekte zu realisieren. Zum Beispiel könnte er durch Code Reviews lernen, wie man effizient und wartbar programmiert.

**DAS SCALE-UP**

Trainings und andere Schulungen sind weitere Fördermöglichkeiten. Kein besonders günstiger Weg, aber in manchen Fällen sicher angebracht.

»Learning by doing« erweist sich ebenfalls als hilfreich. Du gibst den Mitarbeitenden Freiraum für Experimente. So könnten sie zum Beispiel eigenständig einen Prototyp entwickeln und sich dadurch in ein neues Thema einarbeiten.

Auch kleine Maßnahmen können einen großen Effekt erzielen. Ein Zuschuss zum Kauf von Fachbüchern oder Lern-Apps zum Beispiel. Für manche Mitarbeitende kann das ein guter Anstoß sein, die eigene Weiterbildung voranzutreiben.

Übrigens kann es vorkommen, dass ein Mitarbeiter quasi versehentlich für einen seltenen 10X-Menschen gehalten wird, weil er sich stets Projekten annimmt, die besonders vielversprechend und vorhersehbar sind. Diese zentralen Projekte meistert er oder sie mit Bravour und positioniert sich als zentrale Ressource im Unternehmen. Falls solche Mitarbeitende ihren Sonderstatus beibehalten wollen, können sie sich zu Gatekeepern entwickeln, die andere nicht an ihr Wissen heranlassen und im Notfall schwer ersetzbar sind.

## TOP-FÖRDERUNG FÜR TOP-PERFORMANCE

- Falle nicht auf den Mythos vom 10X-Mitarbeitenden herein. Superhelden findest du in Marvel-Filmen, nicht auf dem Arbeitsmarkt.
- Denke nicht in Schubladen, sondern in Chancen. Alle im Team können Großes leisten, wenn Motivation und Förderung stimmen.
- Fördere deine Mitarbeitenden intensiv, damit sie ihr Potenzial entfalten können. Dies trägt zur Performance des Teams und zur Zufriedenheit bei.

**DON'T FAIL**

# 3.3 TECHNISCHE SCHULD RISKIEREN: WARUM DU ABKÜRZUNGEN VERMEIDEN SOLLTEST

Im Start-up SpeedyGreedy laufen die Dinge schneller als anderswo. Die Gründer Philipp und Costas lieben Tempo, sie wollen die Konkurrenz überholen, ihr davoneilen. Diese Mission spiegelt sich im einzigartigen Motto »Move faster, ignore limits« wider, das sogar auf den Kaffeetassen steht. Das Motto würde wie vom Facebook-Motto abgekupfert klingen, bemerkte eine Praktikantin einmal. Sie durfte direkt ihre Sachen packen.

Übrigens ist die Kaffeeröstung, die es an der Kaffeebar namens »SpeedyBrew« gibt, besonders stark. Mehr Koffein, mehr Tempo. Kaffeebar klingt auch eher euphemistisch, denn es gibt noch nicht einmal Sitzgelegenheiten. Wo führte das hin, wenn die Mitarbeitenden einfach so herumlungerten? Sozial erwünscht ist, dass man sich seinen Kaffee holt und direkt wieder zum Arbeitsplatz geht, um keine kostbare Zeit zu verplempern.

Genau diese Verhaltensroutine hat Steven gerade absolviert. Nun sitzt er an seinem Schreibtisch, die Kaffeetasse so vor sich, dass er den Mottoaufdruck nicht lesen muss, und starrt durch sein Monitordisplay hindurch. Das kann er sehr gut, ins Nichts blicken, sodass Buchstaben, Zahlen, Zeichen verschwimmen.

Wie zum Teufel sollte er dieses Höllen-Timing einhalten? Philipp und Costas haben es ihm einfach so vor die Füße geknallt. Zwei Wochen würde es aus seiner Sicht mindestens dauern, den ganzen Code für die neue Software zu schreiben. Drei Wochen wären ideal. Tja, und wie viel Zeit geben ihm die beiden Genies? Zwei Tage! 48 Stunden, mehr nicht. Genau genommen hat er nur noch 41 Stunden Zeit, dann ist das nächste Meeting.

Er kennt das bereits. Er wird durcharbeiten, knallhart. Er wird es schaffen. Doch mit viel Bauchschmerzen, denn der Code wird alles andere als perfekt sein. In der kurzen Zeit kann er unmöglich alle Qualitätsregeln einhalten. Er wird schlampen müssen, um rasch voranzukommen. Das ist der Preis. Hoffentlich überlebt die Software wenigstens die interne Produktdemo ohne Absturz.

Die Gesichter von Philipp und Costas sieht er jetzt schon vor sich. Zufriedenes Lächeln im Breitwandformat. Haben wir doch gesagt, geht alles, wenn man will. Von wegen zwei Wochen.

Das Erwachen wird kommen, wenn die Software ausgeliefert wird. Kundenbeschwerden, Fehlersuche, Nachbesserungen, das volle Programm. Von wegen Zeit gespart. Jeder weitere Handgriff am Code scheint nun doppelt so umständlich zu sein. Große Teile müssen für die nächste Version verworfen und komplett neu geschrieben werden.

Vielleicht sollte er den beiden Masterminds mal erklären, was »technical debt« bedeutet. Die beiden reden ja gerne von »Bananenprodukten«, die grün geliefert erst beim Kunden reifen. Ob sich so nachhaltig eine zufriedene Nutzerbasis aufbauen lässt?

## WAS HIER SCHIEFLÄUFT: ZEITDRUCK GEFÄHRDET DIE UMSETZUNGSQUALITÄT

»Technical debt«, sprich technische Schuld, ist ein geläufiger Begriff in der Softwareentwicklung. Gemeint sind damit die Konsequenzen, die eine undurchdachte Umsetzung mit sich bringt. Die Schuld bezieht sich dabei auf den Mehraufwand, der nötig sein wird, um den Softwarecode zu ändern oder zu erweitern.

Steven ist es bereits bewusst, dass er technische Schulden anhäufen wird. Die vorgesehene Zeit ist zu kurz, um nachhaltige Qualität zu liefern. Er muss deshalb einige Abkürzungen nehmen, die ihren Preis haben: eine ungenügende Umsetzungsqualität, die erst verspätet zutage tritt.

Aber nicht immer ist das Problem den Ausführenden vorab klar. Auch durch sich ändernde Anforderungen können sich Fehlkonstruktionen in den Code einschleichen. Oder durch mangelndes Know-how und fehlende Absprachen im Team, etwa weil vergessen wird, automatisierte Tests vorzusehen. Man entdeckt dann erst im Nachhinein, wenn Änderungen anstehen, dass damit aus Versehen die bisherige Funktionalität beschädigt werde.

In beiden Fällen sind die Folgen von »technical debt« ein echter Effizienzkiller. Man sollte deshalb meinen, dass dieser Problemkomplex den allermeisten Gründerinnen und Gründern vor Augen schwebt, wenn sie ihre Projekte planen. Dem ist aber leider nicht immer so. Mehrere Denkweisen tragen dazu bei.

Zum einen ist da die Überzeugung, dass allzu präzise Arbeit reine Ressourcenverschwendung sei. Wir wollen doch keinen Schönheitspreis gewinnen, heißt es dann. Oder: Ach, das sieht der Kunde eh nicht, warum so penibel sein?

Zum anderen gibt es das Klischee vom bequemen Mitarbeitenden, der sich ungern festlegt und deshalb keine engen Timings mag. Manche Gründerin sieht sich deshalb in einer Rolle, die man aus Hollywood-Filmen kennt: als Chefin, die ihrem Team Feuer unterm Hintern macht, damit das superwichtige Projekt im Zeitplan bleibt.

Einen unglücklichen Einfluss hat auch immer noch das ehemalige Facebook-Motto »move fast, break things«. Es suggeriert, dass schnelles Vorankommen wichtiger sei als Fehlerfreiheit. Angeblich verabschiedete sich Mark Zuckerberg von dem Spruch, als man intern feststellte, dass Facebook-Mitarbeitende sich zu ungenauer Arbeit ermuntert fühlten.

Das Risiko, sich »technical debt« einzuhandeln, sollte Gründerinnen und Gründer deshalb stets bewusst sein, wenn sie aufs

## DAS SCALE-UP

| | |
|---|---|
| »Wir wissen, dass es schlecht ist, aber es ist ja nur übergangsweise.« | **ÜBERGANGSLÖSUNGEN IM UND AM PRODUKT VERMEIDEN.** |
| »Das hat doch in der Demo für die Messe funktioniert, lasst es uns ausliefern.« | **ÜBERGANGSLÖSUNGEN IM UND AM PRODUKT VERMEIDEN.** |
| »Den Kunden interessiert nicht, ob wir hier schön arbeiten. Es muss schnell gehen!« | **LANGFRISTIG WIRD DANN WEDER SCHÖN NOCH SCHNELL GEARBEITET WERDEN.** |
| »Das ist nur eine kleine Änderung, die können wir noch kurz vor Ende ohne Qualitätssicherung einfließen lassen.« | **KLEINE ÄNDERUNGEN SIND DAS RISIKO EINES FEHLERHAFTEN UPDATES ODER PRODUKTSTARTS SELTEN WERT. DAS NÄCHSTE UPDATE KOMMT BESTIMMT!** |

Abb. 6: Alarmsignale technischer Schuld und wie man sie bewertet

Tempo drücken wollen. Was nützt die scheinbare Zeitersparnis, wenn man mittel- bis langfristig draufzahlt? Auf welche Alarmsignale du achten und wie du mit ihnen umgehen solltest, zeige ich dir in einer kompakten Übersicht (siehe Abbildung 6).

## SO MACHST DU ES RICHTIG: SCHULDENFREI IN DIE ZUKUNFT

Falls es in deinem Start-up nicht um Softwareentwicklung geht, sind die folgenden Ratschläge für dich wahrscheinlich wenig relevant. Im Prinzip lassen sich die Learnings aber auch auf andere Bereiche übertragen. Denn, wann immer du Produkte oder Services entwickelst, ist die Verführung groß, Abkürzungen zu nehmen, um Zeit oder Kosten zu sparen. Dass du dadurch in der Regel auch mehr eingebaute Fehlerquellen riskierst, wird dir erst später bewusst.

Bleiben wir aber bei der Software. In der Scale-up-Phase steigt der Zeitdruck. Die Versuchung mag deshalb groß sein, ein wenig auf die Tube zu drücken, um schneller ans Ziel zu kommen. Doch um eine nachhaltige Entwicklung, die gängige Qualitätskriterien beachtet, führt kein Weg herum. Zumindest dann nicht, wenn du im Nachhinein nicht umfangreich nachbessern willst, was die Zeitersparnis wieder auffrisst oder dich sogar zeitlich zurückwirft.

Es gibt aber Ausnahmen. Wenn du zum Beispiel einen Prototyp entwickelst oder eine Machbarkeitsstudie (engl. »proof of concept«) durchführst. Die Ergebnisse dieser Arbeiten sollten nicht ausgeliefert werden und dienen nur dem Erkenntnisgewinn. Ähnlich sieht es bei allen Komponenten aus, die nur einmalig benutzt werden und dann nie wieder angefasst werden. Hier musst du keinen Schönheitswettbewerb gewinnen, um den bekannten Spruch noch einmal zu zitieren.

**DAS SCALE-UP**

# NACHHALTIGER CODE IST DER BESSERE CODE

Das ganze Thema der technischen Schuld sollte dir eines vor Augen führen: Wenn du an kritischen Stellen Abkürzungen nimmst, wird es im Nachhinein viel teurer. Schaffe im Team ein gemeinsames Verständnis dafür, was Qualität bedeutet und wann sie relevant ist. Überhaupt solltest du Entwickler nicht allein danach bewerten, ob sie möglichst viele Features oder Programmzeilen produzieren. Sorge für einheitliche Standards bei Dokumentation, Testing, Reviews und Stil. Eine gründliche Arbeitsweise solltest du besonders wertschätzen, denn sie erspart dir und den anderen eine Menge Zeit, Geld und Nerven.

Falls du gerne Hollywoodfilme schaust, in denen das Tech-Genie seine Leute anfeuert, in Rekordzeit Unmögliches zu leisten: So etwas schaut nur im Film gut aus. In Realität fällt dir das schnell auf die Füße.

# BESSER GRÜNDLICH ALS SCHNELL

- Sorge für eine realistische Zeitplanung, damit deine Entwicklerinnen und Entwickler eine hohe Qualität sicherstellen können.
- Mache einen Bogen um Abkürzungen, die technische Schuld anhäufen. Ausnahme sind Entwicklungen, die nur einmalig zum Einsatz kommen und nicht gepflegt werden müssen.
- Wertschätze die Arbeit derjenigen, die auch in hektischen Momenten auf Gründlichkeit und Einhaltung von Qualitätsstandards achten.

**DON'T FAIL**

# 3.4 PARTNERSCHAFTEN MIT DEN GROSSEN ÜBERBEWERTEN: WARUM DU AUF DIE EIGENEN INTERESSEN ACHTEN SOLLTEST

Mann, ist das aufregend. Liv sagte dauernd »Mann« oder »man«, auch wenn sie wusste, dass das wenig gendersensibel war. Tut mir leid, rief sie dann. Passiert nie wieder! Aber bei der nächsten Gelegenheit rutschten ihr die bösen Wörter wieder aus dem Mund.

Es war nun einmal total aufregend, was hier gerade passierte. Sie saß Backstage bei einem der größten europäischen Tech-Events des Jahres und wartete auf ihren Auftritt. Sie würde ihr Start-up vorstellen und ihr wichtigstes Produkt, einen AI-basierten Terminkalender.

AI steht für Artificial Intelligence, also Künstliche Intelligenz, und der gehört die ganz große Zukunft. So erklärte sie das immer ihrer Mutter, die es aber jedes Mal gleich wieder vergaß. So wie sich überhaupt kaum jemand in Deutschland so richtig für digitale Innovation interessierte, wie sie fand.

Ihr Auftritt auf großer Bühne war nicht der alleinige Grund für ihre Aufregung. Sie konnte es immer noch kaum fassen, dass sie zusammen mit Billy Muckenberg präsentieren würde, dem Leibhaftigen sozusagen. Billy Muckenberg, Chef von MiniSoft, vierzehntreichster Mann der Welt, charismatischer Leader und Vorbild für Legionen von Start-up-Gründern in aller Welt.

Muckenberg würde selbstverständlich nicht körperlich vor Ort sein, sondern live zugeschaltet werden. Außer Liv würden außerdem noch sieben oder acht andere Start-up-Menschen präsentieren. Jeder hätte einen eineinhalb Minuten langen Slot. 90 Sekunden Power-Präsentation also, in der sie alles geben musste.

**DAS SCALE-UP**

Die 90 Sekunden hatten sie und ihr Team mehrere Wochen Vorbereitung gekostet. Die Leute von MiniSoft hatten ihnen eine lange Liste mit To-dos geschickt. Logo von MiniSoft ins Produkt integrieren und solche Sachen. Und in der Produktdemo, für die gerade einmal 30 Sekunden vorgesehen waren, sollte natürlich ein Termin mit Billy Muckenberg himself in den Kalender eingetragen werden.

MiniSoft hier, Muckenberg da. Viel Arbeit, aber dafür würde ihr Start-up jede Menge Aufmerksamkeit bekommen. Eine unbezahlbare Partnerschaft. Und was könnte sich nicht alles daraus entwickeln?

Ihr Smartphone vibrierte, Nachricht von ihrem Co-Gründer Paul: MiniSoft plane eine neue Terminfunktion, »powered by AI«. Powered by AI? Powered by uns! Die wollten ihr Produkt tatsächlich kopieren. Das ganze Gerede von gegenseitiger Inspiration und kreativem Win-win – alles Lug und Trug.

Noch drei Minuten bis zu ihrem Auftritt. Muckenberg, mach dich auf aufregende 90 Sekunden gefasst!

## WAS HIER SCHIEFLÄUFT: FALSCHE ERWARTUNGEN AN DEN PARTNER ENDEN IN ECHTER ENTTÄUSCHUNG

Große Namen sind beeindruckend. Gerade für diejenigen, die noch keinen Namen haben. Start-ups zum Beispiel. Als blutjunge Unternehmen müssen sie sich erst ein Renommee schaffen. Umso verlockender erscheint es deshalb, sich etwas vom Glanz der großen weiten Unternehmenswelt zu borgen. Wow, unser Start-up wird in einem Atemzug mit der Nummer drei der Branche genannt! Wenn auch nur in einer Pressemitteilung, die kaum jemand liest.

Von einer Partnerschaft mit einem der großen Player im Markt erhofft man sich aber nicht nur PR-Effekte. Manche Gründerin, mancher Gründer sieht im Partner auch so eine Art Heilsbringer. Plötzlich scheinen viele Probleme, mit denen man kämpft, im Handumdrehen lösbar zu sein. Der große starke Partner wird es schon richten, durch sein enormes Know-how und Kapital greift er dem Start-up unter die Arme und zieht es hoch.

Aber ist das wirklich so? Aus meiner Sicht ist es Wunschdenken, wenn Start-ups glauben, quasi im Windschatten eines größeren Unternehmens laufen zu können. Diese Hoffnung ist geradezu naiv, denn sie verkennt die Interessenlagen und damit die Realitäten im Business.

Nehmen wir die bekannte Win-win-Formel, nach der beide Partner von der Zusammenarbeit profitieren sollten. Was gewinnt der Große? Was gewinnt das Start-up? Oftmals ist es leider so, dass der Gewinn für den großen Partner ungleich höher ist. Man schmückt sich zum Beispiel mit kleinen innovativen Partnern. Das zahlt auf das eigene Image als Innovationsführer ein. Eher behäbige Großkonzerne geben sich so den Anschein der Agilität.

Und was ist der Gewinn für das Start-up? Der Ertrag bleibt eher überschaubar. Im Falle von gemeinsamen Präsentationen, wie im Beispiel von Liv, investieren sie viel Zeit in die Vorbereitung. Das bindet Ressourcen, die an anderer Stelle wahrscheinlich effektiver eingesetzt wären. Denn falls man am Ende doch nur ein Name unter vielen war, ist der Werbeeffekt gering.

Oft ist man dann auch noch bemüht, es dem großen Partner unbedingt recht zu machen. Man will die Ansprechpartner dort zufrieden stimmen, in der Hoffnung, bei anderer Gelegenheit bevorzugt behandelt zu werden. Jedoch führt in Großkonzernen niemand Buch darüber, wer dem Unternehmen einmal einen Gefallen getan hat. Mit einer neuen Ansprechpartnerin beginnt also alles von vorn.

Die bittere Wahrheit ist: Nur in seltenen Fällen ist das Startup ein echter strategischer Partner für das große Unternehmen.

**DAS SCALE-UP**

Der Illusion, das fehlende Puzzleteil zu sein, sollte man sich also nicht hingeben. Ebenso unrealistisch ist die Erwartung, enorm von einer Partnerschaft profitieren zu können. Der Nutzen wird überschaubar sein, der Aufwand hingegen teils unverhältnismäßig hoch.

Heißt das also. Finger weg von Partnerschaften mit Großen? Das kommt auf den Realitätssinn des Start-ups an.

# SO MACHST DU ES RICHTIG: REALE INTERESSEN, REALER NUTZEN

Partnerschaften können fruchtbar sein. Oder furchtbar. Du hast es in der Hand. Wenn du überlegst, ob sich die Partnerschaft mit einem bestimmten Unternehmen lohnt oder nicht, solltest du zunächst die Motivation des möglichen Partners verstehen. Warum will er mit deinem Start-up kooperieren? Wie sieht sein Interesse aus? Was will er erreichen? Und ist er wirklich an einer Zusammenarbeit interessiert oder nur an ein wenig Start-up-Glamour, um sich als dynamisch und aufgeschlossen zu inszenieren?

Unterhalte dich also intensiv mit deinen Ansprechpartnerinnen, ergründe ihre Motive. Falls du sehr oberflächliche Antworten auf deine Fragen erhältst, lasse die Finger von einer Partnerschaft.

Unter Umständen kann es aber auch passieren, dass dir jemand gegenübersitzt, der oder die hoch engagiert und begeistert für dich und dein Start-up ist. Schaue dir dann aber genau an, ob diese Person nicht nur aus Eigeninteresse handelt. Zum Beispiel, weil sie als Innovationsbeauftragte ständig mit neuen spannenden Kontakten in die Start-up-Szene aufwarten muss. Dann bist du nämlich nur eine weitere Attraktion, die schnell wieder in Vergessenheit gerät.

**DON'T FAIL**

# KAUF MICH, ICH BIN EIN START-UP

Hoffst du vielleicht, dass sich durch eine lockere Partnerschaft die Chance auf einen M&A-Deal eröffnet? Dass also das große Unternehmen dein Start-up kauft und du in Geld schwimmen wirst? Falls es in eine solche Richtung geht, teilt man dir das mit. Oder es sitzen entsprechende Entscheider mit am Tisch. Solche Deals werden nicht von rührigen Innovationsbeauftragten ausgehandelt, sondern – ein paar Hierarchiestufen höher – von Vizechefs, Strategieverantwortlichen oder einem ähnlichen Kaliber.

Kontakt zu den Großen suchen und halten ist gut, aber du solltest immer deine Interessen im Auge behalten. Die Partnerschaft sollte daher im Rahmen bleiben und symmetrisch sein: keine einseitige Sache, bei der du für den Großen arbeitest, sondern eine Investition beider Seiten in das Projekt. Überzogene Erwartungen gilt es zu zügeln. Die Verantwortung für das Vorankommen deines Start-ups kannst du nicht auslagern. Du musst schon selbst handeln.

## PARTNERSCHAFT AUF DEM PRÜFSTAND

- Analysiere die Interessenlage des möglichen Partners. Falls ein Win-win-Geschäft wenig realistisch erscheint, lehne ab. Reiße dabei aber keine Brücken ein, die du später noch einmal brauchen könntest.
- Lasse dich nicht instrumentalisieren, zum Beispiel als Feigenblatt für die mangelnde Innovationskraft des Partners.
- Begreife dich als eigenständig handelnde Kraft, die keine Hilfe von außen braucht, sondern die Zügel selbst in der Hand hält.

## 3.5 DEN AUFBAU VON UNTERNEHMENSSTRUKTUREN VERMEIDEN: WARUM DU NICHT REIN VISIONÄR DENKEN SOLLTEST

»Was macht er denn da? Ist das Yoga?«

»Könnte auch Pilates oder so sein.«

»Er liegt jetzt schon eine halbe Stunde auf dem Boden und rührt sich nicht.«

»Sprich ihn bloß nicht an.«

»Wir haben gleich Meeting, da muss er doch dabei sein. Dann weck du ihn bitte auf.«

»Einen Teufel werd' ich tun!«

»Ich bin ja einiges gewohnt von meinen Chefs, aber so was ...«

»Willkommen in der Start-up-Welt.«

»Danke, danke. Aber ich komme schon klar mit modernen Führungsstilen. Ein paar klare Ansagen wären trotzdem nicht schlecht.«

»Kannst du mal vorschlagen. Viel Spaß.«

»Was meinst du, was ich mir fürs Meeting vorgenommen habe? So geht das doch nicht weiter. Gestern habe ich mit dem Entwicklungsteam gesprochen. Die wussten gar nichts von dem Strategiemeeting heute.«

»Klar, die haben ihre eigene Strategie.«

»Wie viele Strategien gibt es denn hier? Hat jeder seine eigene?«

»Vision is bigger than strategy.«

»Jetzt fang du nicht auch noch damit an. Ich kann es nicht mehr hören. Was soll das überhaupt heißen? Vision ist doch kein Ersatz für gutes Management ...«

»Guck mal, er ist aufgewacht!«

**DON'T FAIL**

»Pünktlich zum Meeting. Der große Visionär wird uns mit seinen neuesten Eingebungen beglücken. Möge eine große Wolke aus Inspiration auf uns herabregnen und viele kleine Pflanzen der Hoffnung sprießen lassen. Halleluja.«

»Dann bis später.«

»Bist du nicht dabei?«

»Muss noch was Visionäres erledigen.«

»Ach, wirst du schnell ein paar strategische Ziele definieren?«

»Nein, soll noch ein paar Sitzbälle für den neuen Konfi bestellen.«

»Wirklich eine herrliche Aufgabe für eine Marketingleiterin.«

## WAS HIER SCHIEFLÄUFT: FEHLENDE STRUKTUREN FÖRDERN VERWIRRUNG UND INEFFIZIENZ

Nichts gegen visionäre Gründerinnen und Gründer. Gerade in der Anfangszeit des Start-ups braucht es visionäre Kraft, um sich vorzustellen, wohin sich die Dinge entwickeln könnten. Visionen allein genügen aber nicht, um das Start-up nachhaltig zu entwickeln. Es braucht Strategie, Führung, Management. Äußerst irdische Kompetenzen also, die jedes Unternehmen nötig hat.

Nun gibt es Gründerpersönlichkeiten, die wollen ihr Start-up gar nicht wie jedes andere Unternehmen führen. Sie haben vielleicht selbst jahrelang in klassischen Unternehmensstrukturen gearbeitet und eine gewisse Antipathie dagegen entwickelt. Sie wollen deshalb alles anders machen: Keine Hierarchien mehr, in denen oben entschieden wird, was unten herauskommen soll, keine Strukturen und Abläufe mehr, die das Denken und Handeln der Mitarbeitenden in festgelegte Bahnen zwingen könnten.

Erst einmal klingt das sympathisch. Viele Mitarbeitende von Start-ups suchen nach diesem Anderssein. Sie möchten viel Frei-

## DAS SCALE-UP

heit und Raum für Kreativität. Sie möchten Vorgesetzte mit einem sehr kooperativen Führungsstil. Statt in Präsentationen zu verkünden, was zu tun ist, gilt hier »leading by example«: Die Führungskraft macht vor, die Mitarbeitenden orientieren sich daran. Dabei kann es um die Erledigung konkreter Aufgaben wie auch um bestimmte Verhaltensweisen gehen – Stichwort: Werte vorleben.

Visionäre Führung steht ebenfalls auf der Wunschliste vieler Mitarbeitenden. Eine Gründerin mit großer Vision, wer hätte die nicht gern als Vorbildchefin? Doch auf Dauer reichen »leading by example« und visionäre Führung nicht, so wie in unserem Beispiel mit dem meditierenden Gründer. Spätestens in der Scale-up-Phase treten die Nachteile eines Führens auf Sicht offen zutage.

Ohne klare strategische Vorgaben kann es passieren, dass jedes Team seine eigenen Ziele definiert. Schlimmstenfalls arbeiten die Teams dann in unterschiedliche Richtungen. Im Zuge der Entwicklung bilden sich sogenannte Schatten-Geschäftsführungen, die Dinge laufen aus dem Ruder. Niemand im Start-up hat so richtig das Sagen, alles geht durcheinander. Die ach so visionäre Führungsriege sieht sich enttäuscht von der Realität und ist ratlos, wie es weitergehen solle.

Sobald sich Abstimmungsprobleme und Ineffizienzen derart häufen, kommt die Frage auf: Brauchen wir jemanden von außen, der die Vision wirklich umsetzen kann? Gemeint sind erfahrene Führungskräfte, die eingestellt werden, um für Ordnung zu sorgen. Sie haben in größeren Unternehmen bereits Strukturen geschaffen oder sie zumindest erlebt. Aber oftmals wenden solche erfahrenen Kräfte einfach die Schablonen aus anderen Branchen oder Unternehmenskulturen an, im Glauben, dass diese auch in der Start-up-Welt funktionieren.

Im Alltag stoßen sie damit oft auf Hindernisse. Denn Prozesse müssen auf die Unternehmensgröße und den Stil des Teams ab-

**DON'T FAIL**

»Auf Sicht zu fahren, ist in der Scale-up-Phase grob fahrlässig.«

gestimmt sein. Es gibt keine fertigen Prozesse, die sich per Kochrezept auf jedes Unternehmen anwenden lassen. Am Ende bleibt nur die Lösung, solide Führungs- und Managementstrukturen zu etablieren. Man wollte doch nie so werden! Doch es führt kein Weg darum herum, wenn das Start-up prosperieren soll.

## SO MACHST DU ES RICHTIG: FÜHRUNG MIT WEITBLICK

Ja, du bist Führungskraft. Nimm diese Rolle an und gestalte sie aktiv. Die Zeit für wolkiges Gerede, organisatorisches Durchwursteln und allgemeines Laissez-faire ist vorbei. Je schneller du in den Profimodus umschaltest, umso besser. Dein Start-up braucht klare Vorgaben und Zuständigkeiten, eine gemeinsame Strategie und professionell organisierte Abläufe.

Auf Sicht zu fahren, ist in der Scale-up-Phase grob fahrlässig. Die strategische Richtung muss stimmen. Das klappt nur, wenn alle Mitarbeitenden, alle Teams mit im Boot sind. Daher solltest du dafür sorgen, dass alle einem Plan folgen und du mit ihnen zusammen die Ziele definierst. Fehlen Zielvorgaben, setzen sich alle jeweils eigene Ziele. In Stein gemeißelt sind diese gemeinsamen Ziele natürlich nicht. Ihr werdet sie ständig anpassen, sobald ihr erkennt, in welchen Bereichen ihr in der Zwischenzeit dazugelernt habt. Dieser Lernprozess ist normal und gewünscht. Alle sollten an ihm beteiligt sein.

## MITARBEITENDE ZU FÜHRUNGSKRÄFTEN AUSBILDEN

Nicht nur du bist als Führungskraft gefragt, sondern auch andere Mitarbeitende. Vielleicht nehmen sie ihre Rolle bereits wahr, vielleicht hadern sie aber auch mit ihr. Oder du stellst fest, dass in einem Bereich eine Führungskraft fehlt. Dann musst du eine verantwortliche Person bestimmen. In allen Fällen ist es sinnvoll, diesen Mitarbeitenden eine gute Führung zu ermöglichen, zum Beispiel durch entsprechende Schulungen. Ziel sollte es sein, dass du ein Führungsteam aufbaust, auf das du dich verlassen kannst. Es sollte dich unterstützen und entlasten.

Professionell führen heißt auch, dass du nicht alles selbst machen kannst oder musst. Früher konntest du zum Beispiel an jedem Einstellungsgespräch teilnehmen. Heute, bei steigenden Beschäftigtenzahlen, ist das schwierig. Jetzt werden verschiedene Mitarbeitende die Gespräche führen. Um zu gewährleisten, dass nicht jedes Gespräch anders abläuft, solltest du deshalb einheitliche Kriterien (Ablauf, Fragen, Tests und Ähnliches) definieren. So stellst du eine ausreichende Vergleichbarkeit der Bewerberinnen und Bewerber sicher.

## PROFESSIONELL, NICHT KONVENTIONELL

- Tritt als verantwortungsvolle Führungskraft auf, nicht als unkonventioneller Träumer, der alles einfach laufen lässt.
- Stelle sicher, dass ihr gemeinsame Ziele habt, die sich bis zu jedem einzelnen Mitarbeiter herunterbrechen lassen.
- Schule die Führungsverantwortlichen, sodass sie dich effektiv unterstützen und entlasten.

**DAS SCALE-UP**

# 3.6 HARTE ARBEIT ALS ERFOLGS-INDIKATOR SEHEN: WARUM DU DEINEN EIGENEN MODUS FINDEN SOLLTEST

Auch ich war einmal jung und naiv. Ehrlich gesagt, ist das noch gar nicht so lange her. Es war in der Zeit, als ich für mein Start-up Inreal durch das Land reiste, zusammen mit meinem Mitarbeiter Enrico. Vielleicht erinnerst du dich an unser legendäres 3D-Terminal, das ich in einem früheren Kapitel bereits beschrieben habe. Genau, das Riesending mit Flatscreen und VR-Brille, das kaum jemand kaufen wollte. Software spielte damals bei uns noch keine Rolle, stattdessen stand Projektgeschäft auf der Agenda.

Enrico und ich wollten das Terminal an den Mann und die Frau bringen. Kein Weg war uns zu weit, kein Zeitplan zu eng, um das Wunderding vor Ort vorzuführen. Meine Güte, dann reißt man sich eben mal zusammen und fährt nachts los, um morgens pünktlich anzukommen. So dachten wir damals.

Passend zu dieser hoch motivierten Einstellung hatten wir unser Outfit gewählt. Statt bequem in Poloshirt und Jeans reisten wir in Anzug und Krawatte an. Ich muss gestehen, ich war äußerst überzeugt davon, dass man im Business einfach Anzug tragen muss. Da sah man doch direkt ein paar Jahre älter und erfahrener aus. Dass wir eher an Strukturvertriebsvertreter erinnerten, die Omas fragwürdige Versicherungsverträge aufschwatzten, kam uns nicht in den Sinn.

Einen fetten Dienstwagen von BMW, Audi oder Mercedes konnten wir uns nicht leisten. Wir hatten einen VW Sharan aus dritter Hand, der so schäbig war, dass wir lieber zwei, drei Straßen entfernt parkten und von dort aus zur Kundenadresse liefen.

Mit dem Sharan düsten wir zum Beispiel für einen einzigen Termin von Karlsruhe nach Berlin: morgens hin, abends zurück. Wir fanden das äußerst professionell. Nur keine Zeit verschwenden. Arbeit geht vor, Pausen sind was für Weicheier.

Einziges Problem: Das ganze Rackern, Abhetzen und Durchs-Land-Fahren brachte uns wenig ein. Wir vergeudeten viel Zeit und Geld für Benzin und Anzugreinigung. Dennoch lief der Vertrieb schleppend, obwohl – wie von allen Verkaufstrainern empfohlen – unser Kalender voll war mit Vertriebsterminen. Von wegen, einfach nur hart arbeiten und dann kommt schon der Durchbruch.

Diese Einsicht fanden wir sehr ernüchternd. Wir investierten unsere Zeit dann effektiver, verzichteten aufs Reisen, arbeiteten lieber am Produkt. Ergebnis war, dass wir das Geschäftsmodell änderten: vom vertriebsintensiven Projektgeschäft zum Software-Produktgeschäft.

Und Anzug und Krawatte? Die tauschte ich gegen Jeans mit Hemd oder T-Shirt ein. Ich verkleidete mich nicht länger und trat genau so auf, wie ich sein wollte.

## WAS HIER SCHIEFLÄUFT: FALSCHE ARBEITS-EINSTELLUNG VERSCHWENDET RESSOURCEN

Was war die grundlegende Fehleinschätzung in meinem Beispiel? Sicherlich nicht die Sache mit dem Anzug. Sondern der Glaube, dass man sich viel Arbeit aufladen muss, um erfolgreich zu werden. Ich war wie viele andere Gründerinnen und Gründer beeinflusst von den üblichen Klischees aus Filmen, Serien und der berüchtigten Berliner Start-up-Szene: Menschen am Rande des Nervenzusammenbruchs, die Tag und Nacht alles geben. Der steinige Weg nach oben. Die endlosen Meetings, in denen um die beste Strategie gerungen wird. Und dann die ganzen Sprüche in der Art von »Schlafen kannst du, wenn du tot bist.«

## DAS SCALE-UP

Auf einem Event in Berlin erlebte ich einmal ein paar Business-School-Absolventen, die gegenseitig damit prahlten, wie viele E-Mails sie täglich bekommen würden. Je mehr, desto besser. Es würde ja zeigen, dass man in der Businesswelt angekommen sei. Mir wurde klar: Ich hatte es noch nicht geschafft.

Ich möchte nicht behaupten, dass harte Arbeit und Überstunden generell schlecht seien: Während der Gründungsphase und in den ersten zwölf Monaten des Start-ups sind sie so gut wie unvermeidlich. Doch spätestens ab der Scale-up-Phase sollte man in einen anderen Modus umschalten.

Was nun anders ist? Man hat das passende Geschäftsmodell gefunden, die gröbsten Unklarheiten sind gelöst, strategische Fragen werden wichtiger. Vor allem aber sollte man in seinen individuellen Arbeitsmodus finden: Wie will ich arbeiten? Wie kann ich meine Kräfte am effektivsten einsetzen? Welche Erholungsphasen brauche ich? Wie will ich vor dem Kunden auftreten? Was fühlt sich gut für mich an, was schlecht?

Im eigenen Arbeitsmodus zu sein, ist elementar, um wirklich durchhalten und das Start-up groß machen zu können. Ansonsten vergeudet man jede Menge Ressourcen und kommt nicht voran. Sich blindlings in die Arbeit stürzen, birgt mehrere Gefahren. Für manche Gründerinnen und Gründer ist es der Weg, ein fehlendes Privatleben zu kompensieren. Sie haben für ihr Start-up alles aufgegeben, sie leben also nur noch für das Business. Auf Dauer ist das keine Lösung. Man braucht einen Ausgleich zur Arbeit, sei das nun Sport, soziales Miteinander oder Lesen.

Ein weiteres Risiko besteht darin, ein hohes Arbeitspensum mit erfolgreicher Arbeit gleichzusetzen. Wer viel schafft, erreicht auch viel. Oder? In etablierten Geschäftsmodellen ist das meistens der Fall: Der fleißigste Handwerker oder die emsigste Maklerin ist dem Wettbewerb einen Schritt voraus. In der Start-up-Welt ist der Erfolg häufig von harter Arbeit begleitet, aber diese ist dafür nicht allein ursächlich. Mein eigenes Beispiel zeigt das recht gut: Erst als wir uns in Ruhe zusammengesetzt, nachgedacht und Geschäftsmodell sowie Strategie neu ausgerichtet hatten, ging es tatsächlich bergauf.

Der Irrglaube, dass nur viel harte Arbeit und Stress zum Erfolg führten, schreckt übrigens nicht wenige Menschen davon ab, ein Start-up zu gründen. Mir sind solche Fälle bekannt. Sehr schade, denn dadurch bleiben viele gute Ideen in der Schublade.

## SO MACHST DU ES RICHTIG: ARBEITEN IM WOHLFÜHLMODUS

Um Bequemlichkeit geht es hier nicht. Mit Wohlfühlmodus meine ich, dass du dir ein Umfeld schaffst, in dem du so arbeiten kannst, wie es zu dir passt. Angefangen bei eher oberflächlichen Punkten wie deiner Kleidung oder der Arbeitszeiten bis hin zu deinem Umgang mit Mitarbeitenden, Stichwort: Führungskultur.

Fangen wir bei der Arbeitskleidung an. Wenn du privat und im Büro ständig im Hoodie unterwegs bist, solltest du das auch bei Kundenterminen und anderen Gelegenheiten tun. Für mich gehört das zu einem authentischen Auftritt dazu. Keine Maskerade, keine Verkleidung. Abgesehen davon erwarten es Investorinnen geradezu, dass Start-up-Menschen nicht die übliche Businesskleidung tragen. Andererseits: Solltest du tatsächlich jeden Tag in Kostüm oder Anzug herumlaufen, kannst du das natürlich auch weiterhin tun.

Warum ist der Aspekt mit der Kleidung so wichtig? Nun, wenn du dich verkleidest, fühlst du dich unwohl, du hast mehr Stress, du kommst eventuell auch weniger sympathisch und überzeugend herüber.

**DAS SCALE-UP**

Kommen wir zum Arbeitspensum. Der große Award für Vielbeschäftigte – es gibt ihn nicht. Da kannst du dich noch so abrackern. Es zählen nur die erzielten Ergebnisse. Und die stehen in der Scaleup-Phase im Vordergrund. Kapitalgeber, Co-Founder und Konsorten blicken auf die KPIs, nicht darauf, ob du die Nacht durchgemacht hast. Dass du jeden Morgen um vier Uhr mit einem Fitnesstraining beginnst und die Woche über unter deinem Schreibtisch schläfst, kannst du ja dann behaupten, wenn du irgendwann einen Preis für dein unternehmerisches Lebenswerk erhältst.

Ebenso solltest du nicht erwarten, dass du Mitarbeitende durch deine überlangen Arbeitszeiten beeindrucken und zu Mehrarbeit motivieren kannst. Meiner Erfahrung nach funktioniert hier die Vorbildfunktion des Gründers, der Gründerin nicht. Du gibst eher ein schlechtes Vorbild ab, wenn du übernächtigt und abgehetzt durchs Büro läufst. Abgesehen davon ist ein Burn-out das Letzte, was du jetzt brauchst.

## WARUM ES NICHT SCHWER SEIN MUSS

Niemand behauptet, dass es einfach sei, ein Start-up zu führen. Aber es muss auch nicht gleich schwer sein. Falls du also das Gefühl hast, in einem falschen Arbeitsmodus zu sein, dann ändere ihn schleunigst. Befreie dich zum Beispiel von zeitintensiven, sich wiederholenden Aufgaben, indem du sie delegierst. Identifiziere Zeitfresser, auf die du besser verzichten solltest. Schaffe dir so mehr Raum für das, was für dich wesentlich ist: die strategische Arbeit an deinem Start-up. Plane auch ein paar entspannte Stunden mit Partnerin, Partner oder Freunden ein.

Denk dran: Ein Start-up ist kein Sprint, sondern ein Marathon. Das heißt: Kräfte gut einteilen, Reserven anlegen, langfristig denken, stets das Ziel im Blick behalten.

**DON'T FAIL**

## SICH GUT FÜHLEN STATT AUSZUBRENNEN

- Finde den Arbeitsmodus, der zu dir passt, der dich glücklich macht.
- Tritt authentisch auf, so überzeugst du intern und extern am besten. Start-up-Klischees solltest du ignorieren.
- Orientiere dich an messbaren Ergebnissen, um deine Leistung und die anderer korrekt zu bewerten.

**DAS SCALE-UP**

# 3.7 ZU FRÜH SKALIEREN: WARUM DU AUF DAS RICHTIGE TIMING ACHTEN SOLLTEST

57 Sekunden – so lange hat der wichtigste Anruf seines bisherigen Lebens gedauert. Anton wischt sich den Schweiß von der Stirn. Nicht weil er so aufgeregt ist, sondern weil er gerade sieben Kilometer durch den Münchner Verkehr geradelt ist.

Als sein Smartphone vibrierte, konnte er die Nummer auf dem Display nicht zuordnen. Irgendwer aus dem Ausland. UK? Kanada? USA? Es war Schweden. Ingmar W., ein Venture-Capitalist aus Malmö. Anton erinnerte sich finster an ein Treffen am Rande einer Tech-Messe in London. Ingmar sprach Englisch mit breitem Akzent und eigenwilliger Betonung (»Juuust call me Ingmaarrr!«). Erst verstand Anton nicht genau, was er wollte. Money, how much, anything you need, let's talk tomorrow.

Langsam ist die Botschaft in seinem Hirn angekommen. Ingmar will groß in sein Start-up investieren. Big money. Genug, um richtig zu wachsen. Mehr als genug, um all das zu verwirklichen, was seine Co-Founder und er noch vorhaben.

Er stellt sein Bike im Treppenhaus ab und steigt die Stufen zum ersten Stock hinauf. Mit jeder Stufe wächst die Anspannung in ihm. Eigentlich wollten sie mit der Finanzierungsrunde noch bis zum nächsten Jahr warten. Eigentlich sind sie noch nicht so weit. Eigentlich fühlt er sich selbst noch nicht bereit dafür.

Dieser Anruf stellt alles auf den Kopf. Plötzlich ist die Chance da. Sie müssen nur zugreifen. Ingmar glaubt an ihre Pläne, ihre Strategie. Er hat schon andere Start-ups groß gemacht, die heute alle kennen. Das dürfen sie sich nicht entgehen lassen, oder?

Anton erreicht die Tür zum Büro. Die anderen sind sicher schon da. Soll er gleich mit der Nachricht ins Haus fallen, wortwörtlich?

Oder besser abwarten und sie erst später verkünden, wenn der Morgenstress sich gelegt hat?

Ellie wird sicher jubeln, sie drängt schon länger darauf, durchzustarten und zu skalieren. Jörg und Edwin werden skeptischer sein. Eine Menge Diskussionen liegen vor ihnen. Es könnte Streit geben, ein Zerwürfnis sogar. Anton wünscht sich fast schon, Big-Money-Ingmar hätte nicht angerufen. Dann müsste er jetzt nicht seine Worte genau abwägen, zwischen unterschiedlichen Lagern vermitteln, eine gemeinsame Entscheidung herbeiführen.

Er öffnet die Tür. Leere Tische, alle ausgeflogen. Noch hat er also Zeit, sich eine Taktik zu überlegen. Wäre doch prima, endlich in den Skalierungsmodus zu wechseln.

## WAS HIER SCHIEFLÄUFT: VERFRÜHTES SKALIEREN GEFÄHRDET DIE ZUKUNFT DES START-UPS

Noch ist es nicht zu spät. Noch können Anton und seine Co-Founder sich gegen Ingmars Investition und damit auch gegen ein Scale-up zum jetzigen Zeitpunkt entscheiden. Sollten sie aber tatsächlich zusagen und mit der Skalierung starten, könnte sich das als Riesenfehler erweisen.

Denn ein verfrühtes Scale-up birgt große Risiken. Viel steht auf dem Spiel. Wer zu früh skaliert, wächst eventuell in die falsche Richtung. Das heißt, mit dem falschen Geschäftsmodell und einer unpassenden Strategie.

Grundsätzlich gilt die Regel: Mit dem Scale-up beginnen, wenn man es sollte – und nicht dann, wenn man es kann. Die Kapitalspritze eines Venture-Capitalist mag also reizvoll erscheinen. Doch sie bewahrt einen nicht vor der Frage, ob man wirklich schon bereit fürs Skalieren ist.

Mehrere Denkmuster beeinflussen hierbei die Entscheidung.

## DAS SCALE-UP

So halten manche Gründerinnen und Gründer Wachstum für eine Art Allheilmittel. Sie orientieren sich an Unternehmen, die bereits groß und erfolgreich sind, und schlussfolgern, dass man sich »gesund wachsen« könne. Ganz gleich, wie drängend die aktuellen Probleme sein mögen. Wachstum heile ihre Wunden, glauben sie.

Ist da was dran? Absolut nicht, denn wenn das Produkt noch Mängel aufweist und die Vertriebsstrategie nicht ausgereift ist, verbrennt man nur Geld. Man stockt Personal auf, schaltet Werbung und kümmert sich, stets in der Hoffnung, dass schiere Größe das Problem lösen werde.

In der Realität sieht das so aus: Man hat zwei Vertriebler, die eher mäßig verkaufen. Ohne genau zu analysieren, worin der Grund für die mauen Verkaufszahlen liegt (Passt das Produkt zum Markt? Schlechtes Vertriebskonzept?), stellt man einfach weitere Vertriebler ein. Die größere Truppe wird schon dafür sorgen, dass die Zahlen steigen. Denkste. Es ist ein klassischer Fall von »Overhire«, der die Personalausgaben explodieren lässt, ohne für entsprechend höheren Ertrag pro Mitarbeiter zu sorgen. In der Regel wird eine Vertriebsorganisation mit wachsender Größe nicht effizienter.

Ein weiterer Denkfehler besteht darin, User mit Kunden zu verwechseln. Soll heißen: Man bekommt reichlich gutes Feedback von zufriedenen Usern und ist deshalb überzeugt, dass das Produkt großartig ankommen werde. Zeit für das Scale-up also. Doch dabei verkennt man eventuell, dass die wahren Kunden nicht identisch mit den Usern sind und womöglich auf ganz andere Aspekte Wert legen als eine leichte Bedienbarkeit oder tolle Features. Oder man hat bislang nur User, die das Produkt umsonst nutzen. Werden sie auch später dafür zahlen wollen?

Eine andere Fehleinschätzung, die zu verfrühtem Skalieren führen kann, ist die Sorge, dass das Zeitfenster sehr klein sei und die Konkurrenz nur darauf lauere, mit Nachahmerprodukten in den Markt zu gehen. Diese in der Start-up-Welt häufige Paranoia habe ich bereits mehrmals angesprochen. Auch in diesem Fall gilt, dass sie oftmals überschätzt wird.

Und nicht zuletzt gibt es da eine Sache, die sehr menschlich ist: Ungeduld. Die Gründerin würde so gern loslegen und ihr Start-up groß machen. Die bislang mickrige Kundenzahl frustriert sie, sie will endlich wachsen und nicht länger abwarten, bis der richtige Zeitpunkt gekommen ist. Dieser kann ja noch weit in der Zukunft liegen. Eine ungefähre Maßzahl, nach wie vielen Monaten oder Jahren ein Start-up in die Scale-up-Phase eintreten sollte, existiert nämlich nicht. Bei manchen früher, bei anderen später, bei einigen niemals.

## SO MACHST DU ES RICHTIG: AUSPROBIEREN IM KLEINEN

Was im Kleinen nicht funktioniert, wird auch im Großen keinen Erfolg bringen. Orientiere dich an dieser einfachen Formel, wenn du testen willst, ob dein Start-up für das Scale-up bereit ist.

Schau dir deshalb die gesamte Wertschöpfungskette an und probiere aus, was bereits gut läuft und wo noch Verbesserungsbedarf besteht. Du simulierst quasi in überschaubarer Form, ob dein vorhandenes Geschäftsmodell für die Skalierung taugt. So testest du unter anderem, welche Werbekanäle funktionieren und welche nicht.

Für diese Experimente reicht im Idealfall dein Bestandsteam aus. Möglicherweise musst du aber neue Teams aufbauen, was mit Neueinstellungen verbunden ist. Beachte hierbei, dass du dich eventuell wieder von Mitarbeitenden trennen musst, falls sich aufgrund der gesammelten Erkenntnisse aus den Projekten die Strategie ändert. Ein Personalabbau ist schmerzhaft und wesentlich unangenehmer als ein Personalaufbau.

## ERST PROBLEME LÖSEN, DANN WACHSEN

Es mag simpel klingen, aber es ist wirklich so: Jedes Problem, das dir auffällt, solltest du lösen, solange dein Start-up noch »klein« ist, das heißt vor der Skalierung. Denn mit jedem Wachstumsschritt wird die Lösung aufwendiger und damit kostspieliger. Wachstum allein ist kein Problemlöser, so sehr du dir das auch erhoffen magst oder andere Menschen es dir einreden wollen.

## DURCHSTARTEN MIT SYSTEM

- Probiere im Kleinen aus, was du im Großen erreichen willst. Hierfür sind Experimente nötig, die dir aussagekräftige Erkenntnisse liefern.
- Analysiere die gesamte Wertschöpfungskette, um Schwachstellen zu identifizieren. Optimiere sie gegebenenfalls.
- Löse alle bekannten Probleme, bevor du in das Scale-up startest.

**DON'T FAIL**

# 3.8 DIE HAUPTZIELGRUPPE AUS DEM BLICK VERLIEREN: WARUM DU DICH NICHT ABLENKEN LASSEN SOLLTEST

Mein Unternehmen Enscape entwickelt eine Software zur Echtzeitvisualisierung für die Architekturbranche, also für Menschen, die Gebäude aller Art entwerfen. Als meine Mitgründer und ich das Produkt entwickelten, konnten wir jedoch nicht ahnen, wer sich noch so dafür begeistern würde: Leute aus der Unterhaltungs- und Eventbranche zum Beispiel.

Wir waren überrascht, wofür die Enscape-Software eingesetzt wurde. Filmarchitekten entwarfen mit ihr die Sets für einen Superheldenfilm und eine große Serie bei Netflix. Auch bei der Planung von Musikevents hatte sie ihren Auftritt, unter anderem bei der Planung von effektvollen Rockkonzerten. Absolutes Highlight war, als uns ein Kunde die Entwürfe eines geplanten Freizeitparks zeigte, alles mit Enscape erstellt.

Superhelden, Rockstars, Freizeitparks – aufregendere Referenzen konnte man sich doch kaum wünschen, oder? Die Architekturwelt hatte zwar auch ihre spannenden Seiten, aber das hier, das war ganz großes Kino für uns. Die User aus den Glamour-Branchen lobten unser Produkt, und sie hatten Extrawünsche. Ob wir vielleicht noch ein paar coole Funktionen ergänzen könnten? Explosionen, Rauch, Nebel, Blitze etwa. Was man halt so braucht am Filmset, auf der Bühne oder bei einer Achterbahnfahrt. Nebenbei taten sich noch weitere Nutzergruppen wie Boots- oder Flugzeugbauer auf. Sie hatten ebenfalls Vorstellungen, wie man unser Produkt noch anwendungsrelevanter gestalten konnte.

Ein paar neue Features hier, ein paar Produktvarianten da – daran sollte es nicht scheitern, dachten wir zunächst. Diese aufregenden Zielgruppen konnten wir doch unmöglich verprellen. Doch dann kamen uns Zweifel. Immerhin bestand unsere Vertriebsstrategie eindeutig darin, Architektinnen und Architekten als Kunden zu gewinnen. Sie waren unsere Hauptzielgruppe und hatten natürlich selbst jede Menge Wünsche zur Weiterentwicklung.

Sollten wir jetzt Extrawürste für weitere Zielgruppen braten? Wie viel Zeit und Geld würde uns die Entwicklung all der gewünschten Features kosten? Wie groß waren diese Zielgruppen überhaupt? Konnten wir mit ihnen etwas verdienen, war die Umsetzung der Extrawünsche also profitabel? Wir rechneten nach und stellten fest, dass es sich um einen verschwindend kleinen Teil unserer Kundinnen und Kunden handelte. Schweren Herzens schlugen wir die Wünsche von Hollywood und Co. aus. Eine im Nachhinein richtige Entscheidung.

## WAS HIER SCHIEFLÄUFT: WÜNSCHE VON NEBENZIELGRUPPEN VERWÄSSERN DIE PRODUKTVISION

Zu viele Köche verderben den Brei, sagt man. In unserem Fall müsste es heißen: Unwichtige Köche verderben den Brei. Denn eine Fokussierung auf Nebenzielgruppen führt dazu, dass die Wünsche und Bedürfnisse der Hauptzielgruppe aus dem Blick geraten. Das hat ernste Folgen.

Nicht nur das Produkt selbst, auch das Markenprofil des Startups ist betroffen. Wenn man sich zum Beispiel wie wir damals bei Enscape als innovativer Lösungsanbieter für die Architekturbranche positionieren will, sollte man dieses Ziel mit aller Kraft verfolgen. Das Abgleiten in Nebenschauplätze wie Filmset- oder Flugzeugentwürfe gefährdet dieses Ziel. Ebenso riskant sind Erweiterungen oder Veränderungen des Produkts, die für die Architekturbranche wenig praktikabel sind. Wenn die heiß umgarnten

Zielgruppen zudem nur wenig Umsatz bringen, sollte bei jeder Gründerin, jedem Gründer die Alarmglocke angehen. Halt, so geht das nicht. Wir können nicht alle glücklich machen.

Kunden und andere Interessengruppen zufriedenzustellen, indem man auf ihre Wünsche eingeht – dieses Motiv ist oft im Spiel, wenn Start-ups freiwillig ihren bisherigen Fokus aufgeben. So sieht man sich im Alltag mit einer stetig wachsenden Zahl an Kundenwünschen konfrontiert. Je größer die Kundenzahl, desto mehr Wünsche. Teils treffen diese direkt per E-Mail oder Anruf ein. Oder sie werden im Rahmen eines Meetings mit dem Kundensupport präsentiert. Sie stellen teilweise wenig repräsentative Meinungen dar. Lässt man sich zu schnell auf sie ein, nimmt das Unglück seinen Lauf. Man ändert und optimiert und erweitert – aber nach kurzer Zeit ist die Produktvision verwässert und man hat zig verschiedene Produktvarianten, die es zu pflegen und verkaufen gilt.

Oder das Ergebnis ist ein Produkt, das keinen so recht glücklich macht. Weder die Neben- noch die Hauptzielgruppe. Man selbst ist auch nicht zufrieden. Dabei wollte man doch unter Beweis stellen, wie gut man Kundenbedürfnisse verstehen und umsetzen konnte. Man wollte vielleicht auch dem eigenen Team zeigen, dass man seine Vorschläge konsequent aufgriff. Letzteres ist dann besonders relevant, wenn es Mitarbeitende gibt, die sich als Advokaten des Kunden begreifen. Sie sind überzeugt, genau zu wissen, was die Kundin wünscht, und äußern ihre Meinung lautstark bei jeder Gelegenheit.

Ein Spruch, der dabei gern fällt, lautet: Wenn wir dieses Feature noch einbauen, kriegen wir viel mehr Kunden! Sollte die Gründerin dann auf den Zielgruppenfokus hinweisen, folgt schnell der Vorwurf der Ignoranz: Ihr kennt eure Kunden doch gar nicht! Die meisten Vorwürfe und Rechthabereien zielen darauf ab, die Konzentration auf das Wesentliche abzuschwächen oder gar auf neue

Ziele umzulenken. Die Antwort kann hier nur sein: Fokus. Fokus. Fokus.

## SO MACHST DU ES RICHTIG: FOKUS AUF DIE HAUPTZIELGRUPPE

Wie gut kennst du deine Kundinnen und Kunden? Natürlich kannst du nicht mit allen persönlich vertraut sein. Aber du solltest ein ungefähres Bild vor Augen haben, wer dein Produkt kaufen und anwenden soll. Für dieses Verständnis helfen Personas. Bei ihnen handelt es sich um idealtypische Repräsentanten deiner Zielgruppe. Jede Persona ist ein fiktiver Charakter, den du anhand deiner Kenntnisse der Zielgruppe definierst. Dabei bemühst du dich, möglichst trennscharfe Rollenbeschreibungen zu finden.

Im Idealfall verkörpert jede Persona einen bestimmten Teil der Gesamtzielgruppe. Aber nicht alle sind gleich wichtig. So könnte die führungsstarke Chefin Elke mit geringen IT-Kenntnissen deine Hauptzielgruppe verkörpern, der technikaffine Nachwuchsmanager Ansgar hingegen eine Nebenzielgruppe.

Bei deinen Entscheidungen solltest du dich dann hauptsächlich an den Bedürfnissen und Wünschen der Hauptpersona orientieren. Zum Beispiel wären coole technische Spielereien eher etwas für die Nebenzielgruppe und damit von geringerer Priorität.

Frage dich auch stets, wofür dein Start-up stehen soll. Was soll deine Marke auszeichnen? Welche Markenwerte sind unverrückbar? Hohe Anwenderfreundlichkeit könnte ein solcher Wert sein, für den du mit aller Kraft eintrittst.

**DON'T FAIL**

# NEINSAGEN GEHÖREN ZUR STRATEGIE DAZU

Trotzdem werden alle möglichen Menschen ohne böse Absicht versuchen, dich vom Pfad der Fokussierung, sprich der Orientierung an der Hauptzielgruppe und dem Markenprofil, abzubringen. Widerstehe diesen Ablenkungen besser. Auch wenn eine Stimme in dir sagt, dass du diesen oder jenen Wunsch unmöglich ablehnen kannst. Vermutlich steckt die Angst vor Konflikten dahinter. Du willst nicht ignorant oder verbohrt erscheinen.

Doch nein zu sagen gehört dazu, wenn du strategisch handeln willst. Du musst Optionen ablehnen, die in falsche Richtungen führen. Die Kunst besteht darin, diese Entscheidung auch gut zu begründen. Intern gegenüber Mitarbeitenden, die mit Leidenschaft eine neue Idee vorgetragen haben und dich als wenig innovativ abstempeln könnten. Extern gegenüber Kundinnen und Kunden, die sich bestimmte Produktänderungen erhofft haben und nun enttäuscht sein könnten. Du erklärst ihnen die Gründe für deine Fokussierung und machst klar, dass deine Entscheidung keine Frage des Egos ist, sondern dass es um das große Ganze geht: den dauerhaften Erfolg deines Start-ups dank einer zufriedenen Hauptzielgruppe.

## MISSION FOKUSFINDER

- Definiere deine Haupt- und Nebenzielgruppen, zum Beispiel anhand von Personas.
- Orientiere dich schwerpunktmäßig an den Bedürfnissen der Hauptzielgruppe. Alles andere verwässert deine Produktvision und dein Markenprofil.
- Begründe deine Entscheidungen nachvollziehbar und werbe damit für Verständnis.

**DAS SCALE-UP**

# 3.9 IM KOSTENSPARMODUS VERHARREN: WARUM DU GROSSZÜGIGER WERDEN SOLLTEST

So einen wie Felix könnte jedes Start-up gut gebrauchen. Davon ist Felix felsenfest überzeugt. Denn: Felix hat die Kosten im Griff. Felix hält das Geld zusammen. Felix dreht jeden Euro zweimal um, bevor er ihn ausgibt. Am liebsten jedoch behält Felix den Euro in der Firmenkasse und sucht nach Wegen, Ausgaben möglichst zu vermeiden.

»Mach ich selbst« – dies ist eine seiner Sparformeln. Jede Aufgabe, die Felix sich selbst zutraut, erledigt er auch selbst. Da er sich als begnadeten Handwerker sieht, übernimmt er gern die anfälligen Renovierungs- und Wartungsarbeiten im Büro: Wände streichen, Armaturen austauschen, Fensterscharniere ölen. »Da haben wir doch unseren Felix für.« Mit diesem Spruch auf den Lippen rückt er mit Werkzeugkasten, Farbeimer und Trittleiter an. Dann ist er nicht mehr zu stoppen. Stundenlang vertieft er sich in die Arbeit, schraubt und sägt und streicht, bis er zufrieden ausrufen kann: »Mission accomplished. Zero budget.«

»Krieg ich günstiger« – eine weitere seiner Sparformeln. Die Preise für Software, Hardware, Büromöbel und anderes hält Felix grundsätzlich für unverschämt hoch und inakzeptabel. Sein Ehrgeiz ist es, vergleichbare Alternativen zu finden, die wesentlich weniger kosten. Da staunten die anderen nicht schlecht, als er einmal zehn Bürostühle für drei Euro das Stück auf eBay ersteigerte. Die Stühle waren zwar gebraucht und er musste sie mit einem Leihsprinter aus Osnabrück abholen, doch sein Ruf als genialer Sparfuchs war wieder einmal gestärkt.

»Kommt nicht in die Tüte« – so lautet seine härteste Sparformel. Bei bestimmten Ausgaben sieht Felix rot. Einen neuen Kühlschrank für die Büroküche? Der alte tut es doch noch, den hatte er schon in seiner Studi-WG stehen. Am liebsten würde er auch die Putzkräfte (»Kann doch jeder an seinem Platz wischen«) oder den Getränkeservice (»Wozu gibt's den Wasserhahn?«) streichen. Obwohl er anfangs dafür geschätzt wurde, die Ausgaben zu reduzieren, gelingt es ihm nun immer seltener, sein Team zu überzeugen.

Manchmal fällt es Felix wirklich schwer, die anderen zu verstehen. Er weiß zum Beispiel immer noch nicht, wie dieser Spruch von Heiko gemeint war: »Felix, deine Sparsamkeit kommt uns teuer zu stehen.« Was war daran bitte lustig?

Zum Geburtstag haben sie ihm ein großes Sparschwein aus Porzellan geschenkt, dazu eine Urkunde: Deutschlands sparsamster Finanzchef. Das sollte wohl auch witzig sein. Nur verging ihm das Lachen, als er durch Zufall die Quittung für das Schwein entdeckte: 49 Euro, der reine Wahnsinn. Wenn er dem Team diese verschwenderische Mentalität nicht austreiben kann, büßt das Unternehmen die Effizienz ein, für die er jahrelang gekämpft hat.

# WAS HIER SCHIEFLÄUFT: ÜBERTRIEBENE SPARSAMKEIT KOSTET ZUKUNFTSCHANCEN

In vielen Gründerinnen und Gründer steckt ein Felix, oder zumindest ein Teil von ihm. Und das ist auch gut so. Gerade in der Gründungsphase und den ersten zwölf Monaten sollte man das Geld nicht zum Fenster hinauswerfen, sondern ordentlich haushalten. Alle Ausgaben, die nicht in das Produkt oder in die Entwicklung des Unternehmens fließen, gilt es so niedrig wie möglich zu halten.

Spätestens mit Beginn der Scale-up-Phase muss aber Schluss sein mit dem ewigen Knausern. Zu große Sparsamkeit führt jetzt leicht zu ineffizientem Arbeiten. Sie blockiert Engpassressourcen wie zum Beispiel die Arbeitsleistung der Mitarbeitenden und liefert oftmals schlechtere Ergebnisse. Wenn also ein viel beschäftigter Gründer wie Felix seine Zeit mit Handwerksarbeiten verbringt, ist das nicht sparsam, sondern wirtschaftlich höchst unvernünftig. Ein professioneller Maler würde zu vertretbaren Kosten in kürzerer Zeit für bessere Arbeitsergebnisse sorgen. Felix könnte sich stattdessen auf seine Führungsaufgaben konzentrieren.

In der Scale-up-Phase ist mehr Kapital vorhanden als jemals zuvor. Es gibt also weit weniger Grund, auf den Euro zu schauen. Stattdessen steht die Wachstumsgeschwindigkeit im Vordergrund. Wo liegen nun die Ursachen dafür, dass der Kostensparmodus trotzdem beibehalten wird?

Zunächst ist es ein Führungs- und Kommunikationsproblem. Das Gründerteam gibt die Parole aus, dass alle Mitarbeitenden so mit dem Geld so umgehen sollten, als wäre es ihr eigenes. Das klingt auch erst einmal vernünftig: verantwortungsvoll wirtschaften, unternehmerisch denken und Ähnliches. Im beruflichen Alltag kann diese Denkweise aber zur Folge haben, dass die Teammitglieder sich so verhalten wie privat: Sie schrecken vor höheren Ausgaben zurück und erledigen alle möglichen Arbeiten, für die man Dienstleister beauftragen könnte, lieber selbst – wie Felix.

Gut bezahlte IT-Fachleute werden schnell mal zu Werbetextern oder bauen eine Präsentation für einen Kundentermin. Auch wichtige Leistungen wie Marketing und Kommunikation werden quasi nebenbei erledigt, indem man sie innerhalb des Teams verteilt. Den Imagefilm drehen? Die Webseite programmieren? Das Logo entwerfen? Statt Profis zu engagieren, schlägt man sich selbst mit diesen Arbeiten herum. Hat doch bislang auch geklappt, und die Sparsamkeit zahlte sich stets aus. Sonst stünde man doch nicht dort, wo man heute steht, oder?

Die Macht der Gewohnheit ist das nächste Problem. Man kann sich kaum noch lösen von den Routinen der Anfangsphase des

Start-ups, als man notgedrungen immer die scheinbar sparsamste, günstigste Lösung wählen musste. Vermutlich wirken auch Glaubenssätze aus Kindheit und Jugend nach. Sparen als Tugend und Ähnliches.

Nicht zuletzt ist das Sparen mit vielen kleinen und größeren Erfolgserlebnissen verbunden. Man freut sich über die erzielte Ersparnis und wird von anderen gelobt. Das führt zu einer Art Konditionierung: Wenn ich spare, werde ich belohnt. Ungern möchte man auf diese Bestätigung verzichten.

## SO MACHST DU ES RICHTIG: INVESTIEREN NACH KLAREN KRITERIEN

Es ist gut, wenn du deine Mitarbeitenden zu einem verantwortungsvollen Umgang mit den Ausgaben anhältst. Besser ist aber, wenn du ihnen dabei Orientierungsmaßstäbe und Regeln an die Hand gibst. Ansonsten wäre es dem persönlichen Empfinden überlassen, ob bestimmte Kosten vertretbar sind oder nicht.

Definiere also Leitsätze und Prinzipien, an denen sich alle im Start-up orientieren können. Das könnte zum Beispiel ein recht offener Leitsatz für die Büroausstattung sein: Bei uns dürfen sich alle die Büromöbel aussuchen, die zu ihnen jeweils passen. Oder ein strikter Standard für das Arbeitsequipment: Wir setzen stets die besten Hilfsmittel ein, die auf dem Markt erhältlich sind. Dieser Grundsatz wird verhindern, dass deine Mitarbeitenden stundenlang nach kostenlosen Softwareversionen suchen oder sich mit limitierten Testversionen plagen. Stattdessen kaufen sie direkt das kostenpflichtige, aber dafür zuverlässige State-of-the-art-Softwaretool.

**DAS SCALE-UP**

# SELBST MACHEN ODER MACHEN LASSEN

Neben den Grundsätzen sollte dein Team die Bedeutung von »make or buy« kennen und entsprechend entscheiden: Welche Aufgaben erledigen wir intern? Und welche Leistungen lagern wir aus oder kaufen wir ein, weil es dadurch unter dem Strich günstiger ist? Der sparsame Felix war in dieser Disziplin sehr schwach. Deine Mitarbeitenden sollten richtig stark darin werden. Das erspart euch eine Menge Arbeit, Zeit und Nerven.

Besonders wichtig ist, dass du deinem Team Budgets einräumst, damit sie bis zu bestimmten Maximalbeträgen eigenständig Kaufentscheidungen treffen können. Erst bei einer Überschreitung des festgelegten Budgetlimits landet der Kaufwunsch auf deinem Tisch. So musst du nicht jede Kleinigkeit selbst entscheiden und gibst deinen Mitarbeitenden einen klaren Freiraum, um eigenverantwortlich zu handeln.

## BUDGETIEREN STATT SPAREN

- Definiere Grundsätze, an denen sich alle orientieren können.
- Bringe deinem Team das Prinzip »make or buy« nahe.
- Lege Budgets für die verschiedenen Ausgabenposten fest. So können deine Mitarbeitenden weitgehend eigenständig planen und entscheiden.

**DON'T FAIL**

# 3.10 INNOVATION VERNACHLÄSSIGEN: WARUM DU HEUTE SCHON MIT EINEM FUSS IN DER ZUKUNFT STEHEN SOLLTEST

Wenn Ayla von Steve Jobs träumt, sieht er fast genauso aus, wie man ihn kennt. Er trägt diesen schwarzen Rollkragenpullover und diese hellblauen Dad-Jeans. Nur die Schuhe sind anders. Steve Jobs hat goldene Sneakers, natürlich in einem iPad-Goldton. Wenn er geht, macht es leise »tapp tapp«, als hätten Apples Toningenieure über Monate hinweg an diesem Klang gearbeitet.

Wenn Steve Jobs mit Ayla spricht, redet er wie damals in seinen legendären Keynotes. Alles ist »amazing« oder »incredible«, und am Ende gibt es stets ein »one more thing«. Nur der Applaus, der aufbrandet wie eine Welle am Huntington Beach, der fehlt.

Ayla erzählt niemandem davon, dass sie von Steve Jobs träumt. Sie führt mit ihren Co-Foundern ein Start-up mit 85 Mitarbeitenden. Da ist für verrückte Träume wenig Platz. Es ist knallhartes Business, jeden Tag. Und gerade jetzt, wo sie ihr Geschäftsmodell skalieren, darf Ayla sich keine Schwächen erlauben.

Aus irgendeinem Grund interessiert sich Steve Jobs brennend für Aylas Arbeit: Wie geht es voran? Was habt ihr als nächstes vor? Ayla hat schon viele Nächte damit verbracht, ihre Strategien und Entscheidungen zu erklären. Als besonders geduldiger Zuhörer erweist sich Steve dabei nicht. Ständig fällt er Ayla ins Wort, stellt eine Zwischenfrage, merkt etwas an oder er führt den Satz selbst fort, was Ayla höchst bevormundend findet. Rückblickend stellt sie aber immer wieder fest, dass Steve recht hatte.

Kritische Bemerkungen ist Ayla also gewohnt. Neuerdings reitet Steve aber auf einem Thema herum: Was kommt denn nach dem Scale-up? Wie geht es dann weiter? Ayla versteht Steves beharrliches Bohren nicht. Sie denkt Tag und Nacht nur an das Scale-up. Eines nach dem anderen. Für alles danach bleibt doch immer noch Zeit. Das hat sie Steve mehrmals erklärt. Doch dieser sturköpfige Mensch lässt nicht locker. Nur weil er in der Vergangenheit aus dem Nichts einen Weltkonzern aufgebaut hat, glaubt er wohl, andere belehren zu müssen.

Du hast deine Neugierde verloren, wirft ihr Steve vor. Du experimentierst zu wenig. Du wagst dich nicht mehr an Neues. Ayla weiß, dass sie kreativ und neugierig und wagemutig ist. Warum sonst träumt sie davon, dass Steve Jobs goldene Sneakers trägt?

Wenn sie morgens aufwacht, versucht sie Steves nervige Fragerei möglichst schnell zu verdrängen. Doch eine Frage, die größte von allen, verfolgt sie den ganzen Tag lang: Was wird dein »one more thing«?

## WAS HIER SCHIEFLÄUFT: WACHSTUMSDYNAMIK MINDERT DIE INNOVATIONSFÄHIGKEIT

Es ist schon verrückt. Da gründet man ein innovatives Start-up und bringt es in die Skalierungsphase – und dabei gerät die Innovation plötzlich ins Hintertreffen. Alle Kräfte sind darauf ausgerichtet, den Wachstumsprozess voranzutreiben. Das erscheint dem Führungsteam logisch und richtig. Nur wenige denken in dieser fordernden Situation über die Skalierung hinaus. Dabei stellen sich drängende Fragen: Was tun wir, wenn unser jetziges Produkt seinen Zenit erreicht hat? Wie bleiben wir innovativ und kreativ genug, um kommende Aufgaben und Probleme zu bewältigen? Wodurch werden wir auch morgen im Markt als agiler Wettbewerber wahrgenommen?

Unterbleibt die Suche nach Antworten auf diese Fragen, riskiert man, dass das Start-up auf Dauer an Innovationskraft verliert.

## DON'T FAIL

Für Außenstehende, also für Wettbewerber, Investoren und andere Interessierte, wird man vorhersehbar, schlimmstenfalls sogar unattraktiv. Ach, das sind doch die mit dem Soundso-Ding, kennen wir ja schon seit Jahren.

Es ist wie beim Schach. Irgendwann kennen sich zwei Spieler so gut, dass sie den nächsten Zug des anderen ahnen können. Aus der Binnensicht nimmt man dieses Problem gar nicht so stark wahr. Läuft doch alles super, denken sich die Gründerinnen und Gründer. Die Wachstumsdynamik ist hoch, dadurch erscheint ihnen das Start-up dynamisch und agil genug.

Was wäre jetzt sinnvoll? Das Geschäftsmodell muss weiterentwickelt werden. Zum Beispiel durch Erweiterungen und technische Veränderungen. Innovationen müssen her. Hierfür sind Ressourcen notwendig, die aber leider aktuell gebunden sind für die Skalierung des Hauptprodukts.

Wir haben es hier mit dem »Innovator's Dilemma« zu tun, wie es von Clayton M. Christensen in seinem gleichnamigen Bestseller beschrieben wird. Man macht im Prinzip alles richtig, orientiert sich an den Kundenbedürfnissen, optimiert das Produkt immer weiter, doch zugleich vernachlässigt man die Forschungsarbeit, um neue Innovationen entwickeln zu können. Für die erforderlichen Experimente fehlen schlichtweg die Mittel.

Folge kann sein, dass das an sich innovative Unternehmen von bahnbrechenden Technologien der Konkurrenz überrascht wird. Es wird disruptiert, wie man so schön sagt. Was dann folgt, ist das Umschalten in die Verteidigung der bestehenden Marktanteile.

**DAS SCALE-UP**

# SO MACHST DU ES RICHTIG: ENDLICH WIEDER EXPERIMENTE

Wenn dein Start-up innovativ und damit langfristig wettbewerbsfähig und attraktiv bleiben soll, ist permanente Innovation wichtig. Sie sollte Teil der DNA deines Start-ups sein. Das klingt hochtrabend, gemeint ist damit ganz bodenständig, dass du einen Teil der Ressourcen für Experimente einsetzt.

Die Entscheidung wird dir vielleicht nicht leichtfallen. Du würdest lieber alle Kräfte auf die Erreichung des Skalierungsziels konzentrieren. Auch deine Co-Founder sehen das wahrscheinlich so. Doch sobald du überzeugt bist, dass es der richtige Weg ist, solltest du auch sie überzeugen können.

Du wirst nicht nur Kapital für die Experimente abzweigen müssen, sondern auch Mitarbeitende. Irgendwelche Zwischenlösungen sind wenig sinnvoll. Wenn du ernsthaft Innovatives schaffen willst, brauchst du dafür ein festes Team. Das Hin- und Herspringen zwischen »offizieller« Produktentwicklung und experimenteller Entwicklungsarbeit würde zu Konflikten führen, in denen im Zweifel das Tagesgeschäft siegt. Teamleitungen könnten sich zum Beispiel beschweren, wenn du plötzlich Personal abziehst, weil du es für ein Experiment brauchst. Außerdem fällt den Mitarbeitenden die Konzentration leichter, wenn sie ungestört an ihrem Projekt arbeiten können.

In der frühen Phase musstest du dich mit deinem Team auf eine Sache konzentrieren, um am Markt Fuß zu fassen. Ein gescheitertes Konzept oder Produkt wäre vermutlich kritisch gewesen oder hätte eine aufwändige Neuausrichtung bedeutet. Jetzt musst du umdenken und bewusst mehr Fehler zulassen, um riskante und innovative Experimente zu wagen, die dich im Erfolgsfall auf die nächste Wachstumsstufe heben können.

**DON'T FAIL**

# EXKLUSIV: EIN TEAM FÜR NEUES

Aber selbst ein eigenständiges, vom Tagesgeschäft abgekapseltes Innovationsteam kann zu einem Störfaktor werden, wenn der Rest der Mitarbeitenden missgünstig und neidisch auf dieses Team blickt: Warum arbeiten die an etwas ganz anderem? Sind das die neuen Lieblinge der Geschäftsführung? Eventuell gibt es auch berechtigte Hinweise auf Risiken des Unterfangens, etwa große Akzeptanzhürden im Markt. Oder die technische Machbarkeit ist noch unklar.

Solche Bedenken räumst du nur durch offene Kommunikation aus. Erkläre deinen Mitarbeitenden den Sinn und Zweck des neuen Teams. Es handelt sich nicht um einen Egotrip, mit dem du dich auf Kosten des Unternehmens selbst verwirklichen willst, sondern es geht um die Entwicklung des zukünftigen Wachstumsbringers.

Ein weiterer Erfolgsfaktor ist, dass deine Experimente einen Zuständigen brauchen, eine verantwortliche Person also. Sie profitiert im Erfolgsfall und hat demnach ein starkes Interesse am Projekterfolg. Ohne solche Anreize wird aus dem Experimentieren allzu schnell eine folgenlose Spielerei, die beim leichtesten Widerstand abgebrochen wird.

Falls du dir jetzt sagst: Naja, ich strebe ja eigentlich einen Exit an, warum sollte ich da noch viel Geld und Arbeit in Innovation investieren, von der ich dann möglicherweise gar nichts mehr sehe? Das ist ein Trugschluss: Ein potenzieller Käufer möchte erkennen, dass dein Unternehmen nicht nur um deine aktuellen Produkte kreist, sondern langfristig Innovation und Wachstum produzieren wird.

## DAS SCALE-UP

# ES LEBE DIE INNOVATION

- Investiere einen Teil deiner Ressourcen in Experimente, um die innovativen Wachstumsbringer von morgen zu entwickeln.
- Stelle ein eigenes Team auf, dass sich voll auf die Entwicklungsarbeit konzentrieren kann. Jedes Projekt hat einen Zuständigen, der gewillt ist, das Ergebnis irgendwann zum kommerziellen Einsatz zu bringen.
- Führe dem Rest der Mitarbeitenden vor Augen, wie wichtig die Experimente für eine sichere Zukunft des Unternehmens sind.

# 4. DER WEG INS START-UP-GLÜCK

Das waren jetzt 30 Fehler, die dir im Hier und Heute passieren können. Sehr viel Gegenwart also. Aber wie sieht es mit der Zukunft aus? Wo die Start-up-Szene in Deutschland aus meiner Sicht gerade steht, wohin sie strebt und streben sollte, und welche Rolle du dabei spielst, darum geht es auf diesen letzten Seiten.

# JENSEITS VON AMERIKA: DEUTSCHE START-UP-REALITÄT

Wann immer wir über die deutsche Start-up-Szene sprechen, kommen wir nicht um einen Vergleich mit den USA herum. Das Silicon Valley war und ist der Referenzpunkt nicht nur für alles, was hierzulande an Gründungen passiert. Auch viele technologische Entwicklungen werden aus den USA übernommen und adaptiert. Kriegen wir so etwas Ähnliches auch hin? Das fragt man sich dann in der deutschen Technologiebranche und in den Start-ups.

Ein gutes Vorbild zu haben, ist an sich nicht falsch. Doch die Fixierung auf das Silicon Valley hat auch ihre Schattenseiten. Sie hat viele Klischees geprägt. Etwa: Um eine Idee wirklich groß zu machen, muss man in die USA gehen. Oder: In Deutschland gibt es kaum Tech-Fachkräfte. Beide Ansichten sind längst überholt. Ich hatte bereits davon geschrieben, dass es mittlerweile auch von Deutschland aus möglich ist, ausreichend Risikokapital zu organisieren, wenn man ein überzeugendes Geschäftsmodell hat.

Es gibt keine Ausreden mehr dafür, bescheiden zu sein und »klein« zu denken. Schauen wir uns nur einmal an, wie viele deutsche Einhörner, also Start-ups mit einer Bewertung von mehr als einer Milliarde Euro, es mittlerweile gibt. Aktuell sind es 16, allein acht davon kamen im ersten Halbjahr 2021 dazu. Die Menge an

## DON'T FAIL

Finanzierungskapital, das in diesen sechs Monaten in deutsche Start-ups investiert wurde, betrug rund 6,1 Milliarden Euro – so viel wie im Jahr 2020 gesamt, so schreibt Hannah Schwär in ihrem Artikel für das Magazin *Capital*. Vor ein paar Jahren wären solche Zahlen noch undenkbar gewesen.

Und die fehlenden Talente? Der Mangel an Programmiererinnen, Marketing- oder Machine-Learning-Specialists und anderen Experten ist ein weltweites Problem. Gerade in Universitätsstädten wie Aachen, München, Berlin oder Stuttgart tummeln sich aber auch hierzulande motivierte Talente. Und durch das richtige Recruiting lassen sich weitere Kräfte anlocken. Ich rate deshalb jedem Start-up, das händeringend Personal sucht, nicht nur in der eigenen Region zu suchen, sondern offene Jobs direkt international auszuschreiben. Hilfe beim Umzug, bei Behördengängen und das Angebot von Sprachkursen machen das Jobangebot noch attraktiver. In vielen Fällen bietet sich aber auch Remote-Arbeit als Lösung an. So kann selbst das Start-up in der Schwäbischen Alb gute Leute mit internationalem Profil beschäftigen.

Überhaupt ist die Arbeit in einem Start-up heute wahrscheinlich attraktiver denn je. Galt es früher noch als eher verrückte Idee, in einem Start-up anzufangen, wird man heutzutage nicht mehr schief angeschaut. Es gilt als ganz normaler Karriereschritt – wie im Silicon Valley. Wieder ein Stück mehr amerikanisch inspirierte Start-up-Normalität in Deutschland.

Etwas weniger entspannt sieht es im Hinblick auf die Qualifikation der Führungskräfte und Gründer, Gründerinnen aus. Ab einer gewissen Karrierestufe wird eine betriebswirtschaftliche Qualifikation erwartet. Quereinsteiger gelten als Ausnahmen. Man traut ihnen nicht zu, ein Unternehmen erfolgreich zu führen. Im großen US-amerikanischen Vorbild ist das anders. Denken wir nur an berühmte Start-up-Gründer wie Elon Musk, Bill Gates und andere. Sie haben es auch ohne Zertifikat in Betriebswirtschaft geschafft – wobei sie sich natürlich auf wirtschaftliche Unterstützung ihrer Familien verlassen konnten. Dass man sich betriebswirtschaftliches Know-how auch durch Fortbildungen in Form von Büchern, Kursen und Learning-by-doing aneignen kann, wird hierzulande unterschätzt. Ohne Urkunde an der Wand läuft nichts.

Sind wir nun fast schon so weit wie in den USA, was gute Start- und Wachstumsbedingungen für Start-ups anbelangt? Aus meiner Sicht gibt es noch einiges zu tun.

# WUNSCHLISTE FÜR MEHR DEUTSCHE START-UP-ERFOLGE

Was brauchen wir noch in Deutschland, um die Gründung vieler starker Start-ups zu beschleunigen? Die Selektion der Geschäftsmodelle beginnt meist mit der Finanzierung. Nicht nur, dass gewagtere Geschäftsmodelle nicht finanziert werden – auch passen sich Gründerinnen an und entwickeln eher Geschäftsmodelle, die sich hierzulande relativ leicht finanzieren lassen. Ich würde mir daher wünschen, es gäbe mehr erfolgreiche Entrepreneure, die sich als Business Angel in riskanten, innovativen Geschäftsmodellen engagieren.

Damit meine ich idealerweise Menschen, die selbst schon Start-ups groß gemacht haben und deshalb über spezifisches Know-how verfügen. Sie wissen am besten, was ein Start-up braucht, welche Ideen Erfolg versprechen, wo es haken kann. Indem sie ihr verdientes Kapital reinvestieren, geben sie der Start-up-Community gewissermaßen etwas zurück. Knackpunkt ist natürlich, dass es in Deutschland eine wesentlich geringere Zahl dieser Start-up-Millionäre gibt als zum Beispiel in den USA. Aber dennoch, es wer-

»*Ein Start-up ist kein Sprint, sondern ein Marathon.*«

den mehr und ich bin deshalb optimistisch, dass wir in einigen Jahren mehr »intern gewonnenes« Risikokapital sehen werden.

Brauchen wir ein deutsches Silicon Valley? Gewisse Vorteile hätte es schon, wenn sich viele Fachkräfte und Unternehmen in einer Region konzentrieren würden. Neue Start-ups könnten hier schnell Personal finden. Durch eine gesunde Fluktuationsrate wäre für einen Austausch von Know-how gesorgt. Mitarbeitende würden ihre Erfahrungen, die sie in einem Unternehmen gesammelt haben, am neuen Arbeitsplatz einbringen.

Natürlich wäre dann auch die Gefahr von Abwerbungen höher. Das bringt die räumliche Nähe vieler sehr ähnlich aufgestellter Unternehmen eben mit sich. Diese Vorteile haben einige Regionen bereits erkannt und versuchen durch verschiedene Exzellenzinitiativen Cluster aufzubauen, wie in Rhein-Main-Neckar. Berlin ist sicherlich national das größte Start-up-Zentrum (aktuell der Standort von zehn Einhörnern).

Ein weiterer Punkt, der mich bewegt: die geringe Technikaffinität im deutschen Mittelstand. Stichwort Digitalisierung und Co. Hier muss noch viel passieren, bis wir endlich auf einem Niveau sind, das mit anderen großen Ländern vergleichbar ist. Angesichts der Stärke des Mittelstands ist es sehr schade, wie viele Chancen hier verspielt werden, die sich aus diesem Standortvorteil ergeben könnten. Es könnte eine Menge profitabler Kooperationen mit Start-ups geben, wenn denn nur mehr Bereitschaft da wäre, sich stärker auf Technologiethemen einzulassen. Mein Wunsch wäre also mehr Offenheit für Zukunftsthemen und weniger Angst vor Neuem.

**DON'T FAIL**

# MEINE (UND AUCH DEINE?) VISION FÜR EINE BESSERE START-UP-WELT

Wir können auch Start-up. Das haben wir in Deutschland bewiesen. Mag uns momentan auch das Silicon Valley uneinholbar voraus sein, muss das ja nicht so bleiben. Wer hätte schon vor einem Jahrzehnt gedacht, dass die deutsche Autoindustrie eines Tages um ihre weltweite Führungsstellung bangen müsste?

Meine Vision ist deshalb, dass wir hier in Deutschland nicht länger der in USA, Asien und anderswo geschaffenen Realität hinterherlaufen, sondern die Zukunft selbst gestalten. Durch eigene Innovationen, die ihrer Zeit voraus sind. Wie wir das schaffen können? Mit deiner Unterstützung, mit deinem Start-up!

Ich habe dir in diesem Buch gezeigt, was alles möglich ist, wenn du dein Start-up zum Erfolg bringen willst. Und auch, was eher nicht realistisch ist. Träumen, kreativ sein, Neues wagen – aber mit mindestens einem Fuß auf dem Boden bleiben. Das sollte dein Leitsatz sein, wenn du startest.

Und ich hoffe, du legst los. Gründe, die dagegen sprechen, gibt es schließlich genug. Du hast noch nicht die zündende Idee gefunden, deine Mitgründerin ist abgesprungen, dein aktueller Job ist so gut bezahlt, jemand könnte deine Idee kopieren, dein Geschäftsmodell wirkt nicht ausgereift, deine Tante Agathe überweist dir die 20 000 Euro Startkapital erst nach Weihnachten und so weiter.

Merkst du was? Das sind alles Vorwände. Es liegt im Grunde nur an dir, wenn du nicht in die Pötte kommst. Gib die Schuld niemals anderen. Natürlich werden dir Steine in den Weg gelegt werden: von der Bürokratie, von Kapitalgebern, Wettbewerbern. Doch deine Aufgabe als Gründerin, Gründer besteht darin, diese Hindernisse aus dem Weg zu räumen. Jammern bringt dich nicht weiter, aber durchbeißen und nach vorn schauen schon.

Halte dir stets vor Augen, warum du das alles tust. Ein Start-up ist zwar ein kommerzielles Unterfangen, es geht um Wachstum und Profit. Aber das ist nicht alles. Ziel sollte es sein, das Leben der Menschen einfacher, angenehmer, besser zu machen. Wenn es dir gelingt, ein solches Konzept zu entwickeln, wirst du nicht nur die entsprechende Finanzierung finden – immerhin sucht die Investorenszene händeringend nach vielversprechenden Geschäftsmodellen –, sondern du wirst auch glücklicher mit deiner Gründung sein.

Kaum etwas ist schöner, als eine Idee, die aufgeht und dich erfüllt. Also: Don't fail. Mache es besser.

# LITERATUR

Christensen, Clayton M., *The Innovator's Dilemma – When New Technologies Cause Great Firms to Fail*, Harvard Business Review Press 2016.

Kahneman, Daniel, *Schnelles Denken, langsames Denken*, übers. v. Thorsten Schmidt, Siedler Verlag 2012.

Kapalschinski, Christoph: Warum Berlin die Start-up-Hochburg Deutschlands ist, *Handelsblatt*, 18.05.2021, https://www.handelsblatt.com/technik/it-internet/redstone-auswertung-warum-berlin-die-start-up-hochburg-deutschlands-ist/27183738.html?ticket=ST-53525-H0D1zwWQI2sDupsz2rBE-cas01.example.org, zugegriffen: 24.11.2021.

Ries, Eric, *Lean Startup – schnell, risikolos und erfolgreich Unternehmen gründen*, übers. v. Ursula Bischoff, Redline Verlag 2012.

Schwär, Hannah, Unicorns in Zahlen: der Boom der deutschen Einhörner, *Capital*, 17.08.2021, https://www.capital.de/wirtschaft-politik/milliarden-startups-unicorns-in-zahlen, zugegriffen: 24.11.2021.

Thiel, Peter, *Zero to one – wie Innovation unsere Gesellschaft rettet*, Campus Verlag 2014.

# ÜBER DEN AUTOR

Thomas Willberger ist erfolgreicher Gründer mehrerer Start-ups. Bereits während seines Maschinenbaustudiums in Karlsruhe gründete er mit der Inreal GmbH das erste Unternehmen. Seine größte Gründung, das international tätige Software-Start-up Enscape, verließ er 2020. Seitdem engagiert er sich unter anderem als Investor und Mitgründer für neue Projekte, zum Beispiel das Start-up WireStyle.

Willberger erlebte alle Hochs und Tiefs des Gründerdaseins. Von Natur aus eher ein »Technikmensch«, der sich am liebsten den ganzen Tag mit Software beschäftigt, musste er plötzlich Management- und Führungsqualitäten beweisen. Viele Fehler in diesem Buch hat er selbst gemacht und sich mit den Konsequenzen herumgeschlagen. Weil er weiß, wovon er spricht, und als Jahrgang 1989 die »Generation Start-up« verkörpert, ist sein Rat bei angehenden Gründerinnen und Gründern sehr gefragt. So entstand die Idee zu *DON'T FAIL*. Willberger lebt mit seiner jungen Familie in Karlsruhe.

Will Page
**Disrupt**
Wie die Spotify-Strategie
deiner Branche nutzt

2021. 383 Seiten. Gebunden

**Auch als E-Book erhältlich**

# Von der Spotify-Strategie profitieren

Vor einigen Jahren schien es, als wäre es nur eine Frage der Zeit, bis die Musikindustrie durch Online-Piraterie ihren endgültigen Niedergang erleben würde. Doch dann kam Spotify, mischte die Karten neu und schuf rentable digitale Erlösmodelle für die totgesagte Branche. Als Chefökonom von Spotify hat Will Page diese Entwicklung maßgeblich mitgeprägt und zeigt nun, dass nahezu alle Branchen von Spotifys Ansatz profitieren können. Aus Fallstudien zu Radiohead, Starbucks und Groucho Marx leitet Will Page acht Strategien ab, die deiner Unternehmung neuen Schwung geben.

**campus.de**

Frankfurt. New York